U0395094

比识花APP更权威精准

1000种彩叶植物识别图鉴

侯元凯　等　著

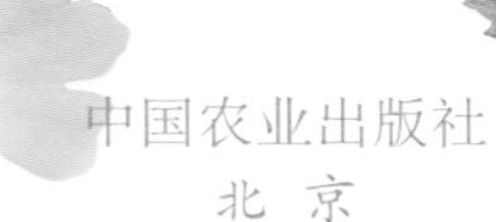

中国农业出版社
北　京

作 者 简 介

侯元凯　河南淅川人，农学博士、植物学者。现任职于中国林业科学研究院经济林研究所，兼职于河北农业大学园林与旅游学院、四川省成都市龙泉驿区彩叶植物研究所。在从事彩叶植物和乡村休闲研究的同时，撰写有植物科普著作。主要著作有《奇妙的植物世界》《庭院美化植物》《探寻植物奥秘》《全球变暖忧思录》《休闲农业概论》《世界彩叶树木1000种》等20余部。发表论文20余篇。作者电话：13937116081（微信同号）。

著者名单

侯元凯　王炜炜　周桃龙　贾孝利　张根伍

李国红　王钊奇　周　娟

前 言

现代景观建设的快速发展不仅体现在绿化指标的节节攀升，还体现在绿化水平方面。城乡绿化中应用大量彩叶植物，可以丰富城乡绿化中的景色，一改大地的绿装，将静态的城乡景观与动态的城乡景观结合起来。彩叶植物春季新生的叶片、夏季绚丽的花朵、秋天丰硕的果实、冬季斑斓的彩枝，无论季节如何转换，始终有令人瞩目的亮点。

本书记录的彩叶植物含蕨类植物、裸子植物和被子植物3个门，共计130科，420余属，近1000种（变种）。书中收录了全球范围内彩叶植物品种，包括木本彩叶植物、草本彩叶植物、肉质彩叶植物、水生彩叶植物、耐旱彩叶植物、耐寒彩叶植物、荒漠及沙区彩叶植物、彩叶蕨类植物、彩枝彩秆植物等。

本书的编排方式，各科内的属、种、品种原则上按植物拉丁学名的字母顺序排列。书中多数种注明了适生区域，是根据中国的植物耐寒区图做出的。它表示每个区位中，栽培植物可以适宜的冬季最低温度，即1月平均最低温度，此图由中国科学院地理科学与资源研究所根据中国历年累积的气象资料绘制。每个区位的温度范围是4～6℃，12区为最低区位，该区位无霜冻。就中国而言，植物栽培区范围是2～12区。各区1月份年平均最低温度分别为第2区：-36℃；第3区：-36～-30℃；第4区：-30～-24℃；第5区：-24～-18℃；第6区：-18～-12℃；第7区：-12～-6℃；第8区：-6～-2℃；第9区：-2～4℃；第10区：4～10℃；第11区：10～16℃；第12区：16℃。

在本书著述过程中，笔者亲临全国各地及国外考察，考察的山脉和高原包括喜马拉雅山、大兴安岭、小兴安岭、太行山、秦岭、横断山脉、十万大山、大别山、天山、青藏高原、祁连山等；考察的植物园包括中国科学院所属的北京、南京、华南、仙湖、西双版纳、武汉植物园，以及上海辰山植物园、海南兴隆热带植物园、成都植物园等；考察的世界园艺博览会包括昆明、沈阳、西安、北京世界园艺博览会。国外分别考察了俄罗斯、日本、泰国、澳大利亚、新西兰、德国、奥地利、法国、意大利等国家的植物。笔者还与相关专家与学者进行了百余次的学术交流。

基础知识

一、什么是彩叶植物？

彩叶植物是指植物在正常生长季节、生长季节的某个阶段或休眠期，叶片呈现由遗传基因控制的非常见的颜色，如黄色、红色、白色、黑色、蓝色及其由上述叶色组成的混合色（复色叶）和随着季节的变化而呈现不同色彩（变色叶）的植物种类统称。

二、彩叶植物的分类

1.按照叶色分类

黄色叶植物　指整个叶片呈黄色、黄绿色、黄白色及在绿色叶面上具有单一的黄色斑纹、斑点或斑块的一类植物。

红色叶植物　指整个叶片呈红色、粉红色、棕色、紫色、褐色及在绿色叶面上具有单一的红色斑纹、斑点或斑块的一类植物。

白色叶植物　指整个叶片呈银灰色、银白色及在绿色叶面上具有单一的白色斑纹、斑点或斑块的一类植物。

复色叶植物　指叶片上除了绿色以外，还具有两种以上其他颜色的一类植物。

蓝色叶植物　指整个叶片呈蓝色、蓝绿色或蓝灰色及在绿色叶面上具有单一的蓝色斑纹、斑点或斑块的一类植物。

变色叶植物　指叶片颜色随季节或时间的变化而呈现出除绿色外的不同颜色的一类植物，而随季节或时间呈现同一种颜色深浅不同的变化，则不为变色叶植物。

黑色叶植物　指整个叶片呈黑色、黑紫色及在绿色叶面上具有单一的黑色斑纹、斑点或斑块的一类植物。

■红色叶
■黑色叶
■复色叶

黄色叶
蓝色叶
白色叶

不同类别彩叶植物叶色变种数量比较

全部彩叶植物：红色叶＞白色叶＞黄色叶＞复色叶＞变色叶＞蓝色叶＞黑色叶。

蕨类植物：红色叶＞白色叶＞复色叶＞黄色叶＞蓝色叶。

裸子植物：黄色叶＞白色叶＞蓝色叶＞红色叶＞变色叶＞复色叶。

被子植物：红色叶＞白色叶＞复色叶＞黄色叶＞变色叶＞蓝色叶＞黑色叶。其中：双子叶植物中，叶色变种由多到少依次为：红色叶＞白色叶＞黄色叶＞复色叶＞变色叶＞蓝色叶＞黑色叶。单子叶植物中，叶色变种由多到少依次为：白色叶＞红色叶＞复色叶＞黄色叶＞变色叶＞蓝色叶＞黑色叶。

2.按照季节不同而呈色不同分类

春彩叶类植物 即在春季或初夏叶色呈现除绿色以外的彩色，其他季节叶片则呈现绿色的一类植物。如金叶臭椿、夏金银杏、红叶皂荚、金叶皂荚等。

秋彩叶类植物 即在秋季叶色呈现除绿色以外的彩色，其他季节叶片则呈现绿色的一类植物。如火炬树、野漆树、盐肤木、山麻秆 、浮萍、银脉五叶地锦、山乌桕、黄栌等。

常彩叶植物 即整个生长季节叶色都保持除绿色以外的植物。如金枝玉叶丝绵木、蓝冰柏、欧洲金叶杨、红叶腺柳、金心巴西铁、紫叶李、紫叶矮樱、金边刺桂、金叶西洋山梅花、金叶黑松、金叶忍冬等。

三、彩叶植物呈色机理

1.彩叶植物呈色的遗传机理

彩叶植物遗传方式已发现有遗传转座子、质体突变、易变核基因等。研究认为彩叶植物的育种可以通过分子生物技术的途径来实现，即从一种植物中获得的基因可以经过适当的载体克隆并转移到其他植物中，得以表达和遗传。

2.彩叶植物呈色的生理机理

植物叶片细胞中的色素包括叶绿素、类胡萝卜素和花青素。这几种色素在细胞中的含量决定了植物组织的颜色。花色素苷存在于细胞液中，以花青素的糖苷形式，是一类天然色素，具有吸光性而表现出粉色、紫色、红色及蓝色。这在很大程度上是由于花色素苷化学结构的微小差别，或者是化学结构虽然相同，但由于溶液的物理或化学条件不同，也会产生色素的变化。

彩叶植物的呈色与其发育的年龄有密切的关系。一般来说，组织发育年龄较小的部分，如幼梢及修剪后长出的二次枝等呈色明显，对这类彩叶植物来说，多次修剪对其呈色是有利的。目前对观赏植物花色的形成及调控机理已有较多研究。

3.彩叶植物呈色生态因子研究

光照 花色素苷是形成植物彩叶的主要色素，花色素苷的合成必须有光的诱导，光越强，花色素苷积累越多。蓝光和紫外线是促进花色素苷合成的最有效光质。

光照强弱对植物的呈色程度的影响

当光由弱到强，呈色鲜艳的植物种类有金叶女贞、紫叶小檗、金叶莸，色彩深暗的有紫叶黄栌、紫叶榛；弱光条件下色彩鲜艳的有斑叶鹅掌藤、背竹芋、花叶玉簪、金边万年。

当光由强到弱，色彩消失的有金叶假连翘、金叶连翘、金叶莸等。

温度 有实验表明，温度明显地影响万寿菊叶片中花色素苷的含量，积温与花色素苷的含量呈负相关。红叶鸡爪槭从美国北部移至南部时发生叶色褪色。

季节 季节是一个综合因素，主要是温度、光照、水分的变化。叶绿素对温度的适应性较差，秋季随着气温的降低，叶绿素首先被分解，而且限制了新叶绿素的合成，叶片中原有的类胡萝卜素就表现出来，使叶片变成黄色或红色。同时，由于秋季温差大，有利于叶片糖分的积累，进而促进花青素的合成。降水量的减少，使花青素浓度增加，植物原来的叶片就呈红色或橙红色。

病毒 病毒可以导致植物发生花叶现象，有采用病毒育种的办法，使植物的色彩更加丰富艳丽。病毒引发的彩斑从某种意义上可以称其为嵌合体，是由于它包含了受感染和未受感染的基因信息。

营养元素 植物营养元素的缺乏会引起植物的叶色变化。如土壤缺氮时，叶柄和叶基呈红色，这主要是由于叶绿素合成减少，类胡萝卜素颜色显现；缺磷时，叶片呈暗绿、带褐斑，较老叶子呈红色；缺钾

时，叶片边缘褐色；缺硫时，叶子表现为黄绿－白－蓝；缺钙时，叶片具红褐色斑，首先出现于叶脉间；缺镁时，叶片具黄斑，从叶片中心开始。上述的叶色发生变化均是营养不良造成的，是短暂的，当补充适当的营养元素后叶色即可恢复。但也有实验表明土壤中的营养元素可以影响叶色的变化，Lee研究表明土壤含低氮和高强光有利于忍冬*Lonicera japonica*彩斑的表现。栽培中磷、钾肥的比例失调，叶片颜色也有变化。此外，也有氟化物、硫化物及铜离子对植物呈色促进或抑制的报道。

土壤pH　多数实验表明，微酸性和中性的湿润壤土可以使彩叶植物增色。

四、彩叶植物的繁育方法

彩叶植物繁殖多采用嫁接、组织培养、扦插等无性繁殖方式，有性繁殖方法很少采用。采用扦插繁育的彩叶植物主要有金叶女贞、紫叶小檗、金叶接骨木、金枝国槐、紫叶李、金叶红瑞木、金叶风箱果等。采用嫁接繁育的彩叶植物主要有金叶珊瑚朴、金叶国槐、金叶刺槐、金枝国槐、金叶白蜡等。采用组织培养途径繁育的彩叶植物种类主要有金叶女贞、金叶连翘、紫叶稠李、红叶臭椿、红叶石楠、紫叶酢浆草、金叶红瑞木、金叶风箱果等。

五、彩叶植物的应用

以彩叶植物著称的中国的风景名胜主要以秋彩叶植物为主，如北京香山的主要彩叶树种为黄栌，南京栖霞山的主要彩叶树种为枫香，江西庐山的主要彩叶树种为野漆树，江苏天平山的主要彩叶树种为三角枫，成都米亚罗的主要彩叶树种为枫类，山东泰山的主要彩叶树种为黄连木、槲树和黄栌。

彩叶植物采用孤植、丛植、群植皆可，点缀作用明显，有极好的装饰性。

易于繁育的彩叶植物　即可以通过扦插方式繁育的植物，如红叶杨、红叶柳、红叶石楠、金叶连翘、白斑双球悬铃木等。由于一些彩叶植物不适合播种繁殖，其繁殖系数受到较大的制约，无性繁殖是彩叶树种最主要的繁殖途径。繁育方法困难的树种如嫁接繁殖的金冠白蜡和皇冠栾等的开发成效就不如全红杨和红叶柳等。

常彩叶植物　如全红杨、紫叶李、紫叶矮樱、黄叶杨树、红叶柳、红国王挪威槭等因呈色时间长，较受人们欢迎。

颜色鲜艳的彩叶植物　如红叶石楠、紫叶小檗、金叶女贞、紫叶矮樱、金叶莸等，较受人们欢迎。

群植　彩枝树种如金枝国槐、金枝白蜡群植在冬季使大地金色辉煌，红瑞木在北方如同冬天里的一把火，上述彩色树种均可构成冬景林。枫树、银杏、黄栌、火炬树等群植则构成秋景林。而金边马褂木、金叶刺槐等可构成夏景林。红叶臭椿、红叶石楠等组成春景林。

孤植　在相对单调的缺少色块的地方，栽植紫叶李、银杏等可起到点缀的效果。在色块地段栽植另一种颜色的彩叶植物，可以使层次分明，增加立体效果。

绿篱　大量的彩叶灌木植物可广泛用于高速公路的隔离带，公园、广场和厂区的彩带。

地被　彩叶草轻盈摆动和随之发出的轻柔的声响使花园充满生机，这是其他任何植物都无法比拟的，彩叶草的色彩从亮红、金黄到铜色、赤褐、铁蓝和银色。

❶ 金叶银杏
❷ 紫叶合欢
❸ 黄金日本红枫
❹ 大叶女贞
❺ 太阳李
❻ 金叶杨树
❼ 序润楠
❽ 霞光香樟
❾ 金叶榆
❿ 美国红枫
⓫ 柏木
⓬ 紫叶加拿大紫荆

皇冠栾树
黄连木
赤干鸡爪槭
血红枫
金叶水杉
红叶石楠
黄叶蜀桧
蓝星高山柏
红叶木槿
全红杨
红叶柳

❶ 血红枫　❷ 金叶构树　❸ 寿星桃　❹ 橙梦枫　❺ 桂花（红叶）　❻ 金叶银杏　❼ 紫叶黄栌　❽ 金叶梓树　❾ 红叶石楠　❿ 金红杨　⓫ 花叶柳　⓬ 黄金日本红枫　⓭ 序润楠　⓮ 太阳李

❶ 金边马褂木　❷ 赤干鸡爪槭　❸ 粉叶复叶槭　❹ 大叶女贞

六、目前较适合推广的彩叶植物

群众基础好的树种 即人们所熟知的树种，如杨树、柳树、悬铃木、臭椿、槐树、女贞、桂花、楸树、白蜡、栾树、银杏、松类、柏类等，其彩叶品种较易为人们所接受。

七、彩叶植物诗赋

柿叶经霜菊在溪，天寒落日见鸡栖。西家有客篘（chōu）新酒，红叶萧萧盖芋畦。

——金·马定国《村居五首 其四》

月落乌啼霜满天，江枫渔火对愁眠。

——唐·张继《枫桥夜泊》

十亩苍苔绕画廊，几株红树过清霜。

——唐·羊士谔《王起居独游青龙寺玩红叶因寄》

醉貌如霜叶，虽红不是春。

——唐·白居易《醉中对红叶》

薄烟如梦雨如尘，霜景晴来却胜春。好住池西红叶树，何年今日伴何人。

——唐·崔橹《题云梦亭》

今日却成鸾凤友，方知红叶是良媒。

——唐·韩氏《婚宴集上索笔为诗》

寒山十月旦，霜叶一时新。似烧非因火，如花不待春。

——唐·白居易《和杜录事题红叶》

山明水净夜来霜，数树深红出浅黄。试上高楼清入骨，岂如春色嗾（sǒu）人狂。

——唐·刘禹锡《秋词》

秋应为黄叶，雨不厌青苔。

——唐·李商隐《寄裴衡》

黄红紫绿岩峦上，远近高低松竹间。山色未应秋后老，灵枫方为驻童颜。

——宋·赵立夫《枫》

碧云天，黄花地，西风紧，北雁南飞。晓来谁染霜林醉？总是离人泪。

——元·王实甫《西厢记·长亭送别》

莫嫌寂历空山道，隔岸丹枫刺眼明。

——元·黄公望《题李成所画·山市霜枫》

才见芳华照眼新，又看红叶点衣频。只言春色能娇物，不道秋霜解媚人。

——明·徐渭《红叶》

霜天枫叶林中色，试较春风枝上花。千点乱飞仍似雨，一堤掩映欲成霞。

——明·朱谋晋（jìn）《即席赋得霜叶红于二月花》

目录

PART 2
落叶乔木

PART 3
常绿灌木

PART 4 落叶灌木

PART 5
草本植物

PART 6 藤蔓植物

PART 1
常绿乔木

南洋杉科

异叶南洋杉

Araucaria heterophyll

别名/美丽南洋杉、塔形南洋杉、澳洲杉　科属/南洋杉科南洋杉属　适生区域/10～12区　原产地/大洋洲诺福克岛以及澳大利亚东北部　类型/常绿乔木　株高/50米　花期/3～8月

【叶部特征】叶蓝绿色，有白粉，夏季叶绿色。叶二型，幼树及侧生小枝的叶排列疏松，开展，钻形，向上弯曲，通常两侧扁，具3～4棱；大树及花果枝上的叶排列较密，微开展，宽卵形或三角状卵形，多少弯曲，基部宽，先端钝圆。**【生长习性】**喜温暖、湿润和阳光充足环境，不耐寒，幼龄阶段较耐阴，大树在荫蔽处生长不良。**【园林应用】**我国福州、广州等地引种栽培，可作庭园树或背景树，上海、南京、西安、北京等地多作盆栽。

1
1

2

2

1[*] 金核雪松

Cedrus deodara‘Gold Cone’

别名/金锥雪松　科属/松科雪松属　类型/常绿乔木　原产地/原种原产阿富汗至印度　适生区域/7～9区　株高/9米　花期/10～11月

【叶部特征】叶针形，外针叶金黄色，内针叶蓝绿色。**【生长习性】**喜温凉气候，有一定耐寒力。耐旱力较强，忌积水。喜阳光充足，也稍耐阴。**【园林应用】**生长速度相对较快，占用的空间小，可在广场、公园、草坪、建筑物周围广泛种植。

2 灰蓝黎巴嫩雪松

Cedrus libani‘Glauca Pendula’

别名/蓝叶黎巴嫩雪松　科属/松科雪松属　类型/常绿乔木　原产地/原种原产黎巴嫩　适生区域/5～9区　株高/12～18米　花期/10～11月

【叶部特征】叶针形，呈蓝灰色到深绿色，质硬，在长枝上散生，短枝上簇生。**【生长习性】**喜光，幼树梢耐阴。对土壤要求不严，耐干旱，不耐水湿。浅根性，抗风力差。对二氧化硫抗性较弱，空气中高浓度二氧化硫易造成植株死亡，尤其是新叶更易被害。**【园林应用】**适合孤植于草坪、建筑前庭、广场中心，或主要建筑物的两旁及园门的入口等处。还可列植于园路的两旁，极为壮观。

---

* 序号表示图序。

1 银叶欧洲云杉
Picea abies f. *argentea*

别名/欧洲银冷杉　科属/松科云杉属　类型/常绿乔木　原产地/欧洲中北部　适生区域/2～9区　株高/3～5米　花期/4～6月

【叶部特征】叶灰白色，四棱状条形，先端尖，横切面斜方形，四面有粉白色气孔线。**【生长习性】**耐阴，对气候要求不严，抗寒性较强，能忍受−30℃以下低温，但嫩枝抗霜性较差。**【园林应用】**小型常绿树种，以其丰富红色球果在春季装饰枝头而闻名，在庭园中既可孤植，也可片植。盆栽可作室内的观赏树种。

2 青海云杉
Picea crassifolia

别名/泡松、白松、仲美尖　科属/松科云杉属　类型/常绿乔木　原产地/中国　适生区域/2～9区　株高/23米　花期/4～5月

【叶部特征】叶蓝灰色，四棱状条形，先端钝或具钝尖头，四面有粉白色气孔线。**【生长习性】**喜寒冷、潮湿环境，可耐−30℃低温。生长缓慢，适应性强，耐旱，耐瘠薄，喜中性土壤，忌水涝、喜光，但幼树耐阴。浅根性树种，抗风力差。**【园林应用】**高山区重要森林更新树种和荒山造林树种，也可作庭园观赏树种，适合在园林中孤植、群植，常作为庭荫树、园景树。

3 科罗拉多蓝杉
Picea pungens

别名/蓝粉云杉、锐尖北美云杉、硬尖云杉　科属/松科云杉属　类型/常绿乔木　原产地/北美落基山脉　适生区域/2～8区　株高/9～15米　花期/3～5月

【叶部特征】叶呈蓝色、白色、蓝绿色、花绿色至橘黄色。**【生长习性】**喜凉爽气候，喜光，对光照要求较高，喜湿润、肥沃和微酸性土壤，非常耐寒，可忍受−40℃的低温，耐旱，适应性强，耐盐碱能力中等，忌高温，怕污染。**【园林应用】**北美当地主要造林树种之一，适合在园林中孤植、群植。

1 日本五针松
Pinus parviflora

别名/五钗松、日本五须松　科属/松科松属　类型/常绿乔木
原产地/日本南部　适生区域/4～9区　株高/10～30米
花期/5月

【叶部特征】针叶，5针一束，微弯，蓝绿色。**【生长习性】**喜光，喜生于土壤深厚、排水良好之处，在阴湿之处生长不良，生长速度缓慢，不耐移植，耐整形，耐干燥，忌湿畏热，对土壤要求不严。**【园林应用】**名贵的观赏树种，孤植配奇峰怪石，整形后在公园、庭园、宾馆作点景树，适合与各种古典或现代建筑配植，也可列植园路两侧作园路树，也可在园路转角处两三株丛植。

2 黄斑北美翠柏
Calocedrus decurrens 'Aureovariegata'

别名/金斑北美翠柏　科属/柏科翠柏属　类型/常绿乔木　原产地/北美西部　适生区域/5～9区　株高/8～10米　花期/5月

【叶部特征】鳞叶暗绿色，部分鳞叶呈金黄色。**【生长习性】**喜光，幼龄耐阴。喜温暖气候，稍耐旱，耐盐碱，抗污染，喜土壤肥沃、排水良好的环境，生长较慢。**【园林应用】**特色园林景观树种，可与多种植物高低搭配形成花境。

3 灰色绿干柏
Cupressus arizonica 'Glauca'

别名/光皮美洲柏木　科属/柏科柏木属　类型/常绿乔木　原产地/美国亚利桑那州和墨西哥　适生区域/7～9区　株高/18米
花期/8～9月

【叶部特征】鳞叶斜方状卵形，正面蓝灰色，背面白色。**【生长习性】**喜光，也耐阴。耐寒，喜湿润，不择土壤。**【园林应用】**可孤植或丛植，适用于园林景观树，也适用于隔离树墙、绿化背景。

1

3

1 蓝冰柏

Cupressus arizonica var.*glabra* 'Blue Ice'

别名/蓝冰光滑美洲柏木、蓝冰绿干柏　科属/柏科柏木属　类型/常绿乔木　原产地/原种原产美洲　适生区域/5～12区　株高/6米　花期/罕见

【叶部特征】叶全年呈霜蓝色或灰绿色。**【生长习性】**全日照至半阴条件下均可生长，较耐盐碱，极耐寒，耐高温，能耐−25～35℃气温。**【园林应用】**是圣诞树的首选树种，可孤植、片植或列植，作园景树及行道树，还可作盆栽。

2 福建柏

Fokienia hodginsii

别名/广柏、滇柏、建柏　科属/柏科福建柏属　类型/常绿乔木　原产地/中国南部和越南　适生区域/8～10区　株高/17米　花期/3～4月

【叶部特征】鳞叶2对交叉对生，呈楔状倒披针形，表面绿色，叶背具有白色气孔带，形似图案。**【生长习性】**浅根性阳性树种，对立地条件要求较严，应选择山地造林为好。**【园林应用】**适合路旁列植，草坪内孤植或群植，也可植于庭园角落，或与落叶阔叶树混交，构成林相，以显森林之美。

3 北美圆柏

Juniperus virginiana

别名/铅笔柏　科属/柏科刺柏属　类型/常绿乔木　原产地/北美中部和东部　适生区域/2～8区　株高/10～23米　花期/3～4月

【叶部特征】鳞叶排列较疏，菱状卵形，先端急尖或渐尖，背面中下部有卵形或椭圆形下凹的腺体；刺叶出现在幼树或大树上，交互对生，被白粉。**【生长习性】**阳性树种，耐阴，适应性强，抗污染，耐干旱，耐低湿，耐寒，抗热，抗瘠薄，在各种土壤上均能生长。**【园林应用】**主要用作园景树、行道树，作绿篱比侧柏优良，下枝不易枯，冬季颜色不变褐且可栽于背阴处。

罗汉松科

1 薄雪竹柏

Nageia nagi 'Caesius'

别名/霜降竹柏、白斑竹柏、花叶竹柏　科属/罗汉松科竹柏属　类型/常绿乔木　原产地/原种原产中国和日本　适生区域/8～10区　株高/20～30米　花期/3～4月

【叶部特征】叶对生，革质，有多数并列的细脉，无中脉，叶面有白色条纹。**【生长习性】**喜温暖和湿润气候，耐阴，不耐冷，不耐旱，忌积水。对土壤要求较严，在湿润、排水良好、富含腐殖质的酸性沙壤土中生长良好，忌贫瘠。不耐修剪，幼苗初期生长缓慢。**【园林应用】**是南方园林绿化的优良树种，适合作庭荫树、行道树等，也可作盆栽。

2 金叶罗汉松

Podocarpus macrophyllus 'Aureus'

别名/斑叶罗汉松　科属/罗汉松科罗汉松属　适生区域/7～11区　原产地/原种原产中国和日本　类型/常绿乔木　株高/12～30米　花期/3～8月

【叶部特征】叶螺旋状着生，条状披针形，微弯，先端尖，基部楔形，叶面深绿色，有光泽，中脉显著隆起，叶背带白色、灰绿色或淡绿色，中脉微隆起。新叶金黄色。**【生长习性】**喜温暖气候，不耐寒，忌干旱，冬季需充足阳光，夏季避免强光暴晒，适合在气温25～30℃、相对湿度70%以上的环境条件下生长。**【园林应用】**适合孤植作园景树或作纪念树，也适合作行道树。可孤植、列植或配植在树丛内。也可作大型雕塑或风景建筑背景树。

1
1
2
2

1 短序润楠

Machilus breviflora

别名/白皮槁、较树、短序桢楠　科属/樟科润楠属　类型/常绿乔木　原产地/广东、海南、广西　适生区域/10 ～ 12区　株高/8米　花期/7 ～ 9月

【叶部特征】叶革质，常生于枝先端，先端钝，基部渐狭，两面无毛，背面粉白，叶柄短。嫩叶紫色、橙色或红色，彩叶观赏期较短，在春季。**【生长习性】**耐盐碱，可忍受轻度荫蔽的环境，不耐寒。**【园林应用】**可作行道树栽植，可在绿地等处群植、列植或孤植，可作铁路、公路沿路的景观林带，还可作荒山绿化、林场改造的生态林建设树种，也适合水边造景。

2 闽楠

Phoebe bournei

别名/竹叶楠、兴安楠木　科属/樟科楠属　类型/常绿乔木　原产地/中国　适生区域/10 ～ 12区　株高/15 ～ 20米　花期/4月

【叶部特征】叶披针形或倒披针形，革质，新叶粉色，后变为粉黄色，老叶为翠绿色或墨绿色。**【生长习性】**喜光，耐阴，根系深，在土层深厚、排水良好的沙壤土上生长良好。**【园林应用】**丛植、群植、列植为主，尽量避免孤植。

1
1
2
1
2
3

千屈菜科/山龙眼科/大风子科

1 八宝树

Duabanga grandiflora

别名/非洲黑胡桃　科属/千屈菜科八宝树属　类型/常绿乔木　原产地/中国（云南南部）及越南、缅甸、泰国、印度、马来西亚　适生区域/10～12区　株高/30米　花期/3～4月

【叶部特征】叶阔椭圆形、矩圆形或卵状矩圆形，长12～15厘米，宽5～7厘米。嫩叶紫红色。**【生长习性】**适合在高温、高湿，终年无霜冻，土壤肥沃且排水良好的环境中生长。**【园林应用】**速生树种，可作水源林和四周两旁绿化树种。

2 银桦

Grevillea robusta

别名/绢柏、丝树、银橡树　科属/山龙眼科银桦属　类型/常绿乔木　原产地/澳大利亚　适生区域/8～9区　株高/10～25米　花期/3～5月

【叶部特征】二回羽状深裂，裂片15对，上面无毛或具稀疏丝状绢毛，下面被褐色茸毛和银灰色绢状毛，边缘背卷。**【生长习性】**喜光，但也稍耐阴，喜高温、高湿且排水良好的环境。**【园林应用】**适合作行道树、庭园树、遮阴树，是优质的园林绿化树种。

3 泰国大风子

Hydnocarpus anthelminthicus

别名/驱虫大风子　科属/大风子科大风子属　类型/常绿乔木　原产地/印度、越南、泰国　适生区域/台湾、云南南部、广东、广西、海南有栽培　株高/7～20米　花期/9月

【叶部特征】叶薄革质，卵状披针形或卵状长圆形，新叶红色。**【生长习性】**喜光，略耐阴，喜温暖、湿润气候及肥沃湿润土壤，不耐寒，华北地区不能露地越冬。**【园林应用】**优良的庭园树、行道树。

1
1
2
3

1 银叶桉
Eucalyptus cinerea

别名/灰桉、阿盖尔桉　科属/桃金娘科桉属　类型/常绿乔木　原产地/澳大利亚　适生区域/8 ～ 11区　株高/6 ～ 15米　花期/罕见

【叶部特征】叶两面均被白粉，叶色蓝绿或海蓝色。幼树叶对生，叶片阔卵形或阔盾形；成树叶对生或互生，披针形，革质。**【生长习性】**喜光，耐旱，喜冷凉气候。喜深厚湿润的壤土。**【园林应用】**可作盆栽、插花用材，也用于园林绿化，可孤植、列植、丛植、片植、群植、混植。

2 直杆蓝桉
Eucalyptus globulus subsp. *maidenii*

别名/美登桉　科属/桃金娘科桉属　类型/常绿乔木　原产地/原种原产澳大利亚　适生区域/8 ～ 11区　株高/45米　花期/9 ～ 11月

【叶部特征】叶色蓝绿。幼树叶对生，叶片阔卵形或阔盾形；成树叶对生或互生，披针形，革质。**【生长习性】**同银叶桉。**【园林应用】**同银叶桉。

3 苹果桉
Eucalyptus gunnii

别名/雪桉、甘尼桉　科属/桃金娘科桉属　类型/常绿乔木　原产地/塔斯马尼亚岛　适生区域/8 ～ 11区　株高/25米　花期/6 ～ 8月

【叶部特征】幼叶蓝绿色至银蓝色。幼树叶对生，叶片阔卵形或阔盾形；成树叶对生或互生，披针形，革质。全株有苹果味。**【生长习性】**同银叶桉。**【园林应用】**天然气味可驱除蚊虫，常作盆栽。

1 红果仔

Eugenia uniflora

别名/毕当茄、巴西红果　科属/桃金娘科番樱桃属　类型/常绿小乔木　原产地/塔斯马尼亚岛　适生区域/10 ～ 11区　株高/5米　花期/3 ～ 5月

【叶部特征】叶片革质，卵形至卵状披针形，先端渐尖或短尖，有无数透明腺点，叶紫红色，成熟叶深绿色。**【生长习性】**喜肥沃沙壤土，日照需充足。**【园林应用】**热带地区可作园林绿化树种，北方地区多作盆栽观赏。

2 千层金

Melaleuca bracteata

别名/黄金香柳、金叶细花白千层　科属/桃金娘科白千层属　类型/常绿乔木　原产地/原种原产新加坡及澳大利亚　适生区域/9 ～ 11区　株高/6 ～ 8米　花期/6 ～ 8月

【叶部特征】叶披针形，具芳香味，秋、冬、春季叶为黄色，夏季因温度较高呈黄绿色。**【生长习性】**喜温暖、湿润气候，抗旱又抗涝，耐贫瘠，喜肥沃、排水良好的沙壤土。**【园林应用】**可作盆栽、切花配叶、公园造景、修剪造型等。特别适合沿海地区城市绿化。

3 紫叶番石榴

Psidium guajava 'Rubra'

别名/色叶番石榴、红番石榴　科属/桃金娘科番石榴属　类型/常绿乔木　原产地/原种原产美洲热带　适生区域/　株高/13米　花期/8 ～ 9月

【叶部特征】叶片革质，淡紫红色，长圆形至椭圆形，先端急尖或钝，基部近圆形，上面稍粗糙，下面有毛，侧脉常下陷，网脉明显。**【生长习性】**喜热带气候，怕霜冻，对土壤要求不严。**【园林应用】**可作果品生产，也是理想的绿化树种。

桃金娘科

1 香蒲桃
Syzygium odoratum

别名/水蒲桃树、风鼓　科属/桃金娘科蒲桃属　类型/常绿小乔木　原产地/越南　适生区域/10～12区　株高/20米　花期/6～8月

【叶部特征】叶革质，卵状披针形或卵状长圆形，新叶红色。**【生长习性】**喜光，适应性强，耐干旱，耐盐碱，耐瘠薄。**【园林应用】**可用于沿海沙地绿化。

2 红枝蒲桃
Syzygium rehderianum

别名/红车　科属/桃金娘科蒲桃属　类型/常绿小乔木　原产地/马来西亚　适生区域/10～12区　株高/6～20米　花期/6～8月

【叶部特征】嫩枝红色，干后褐色。叶片革质，椭圆形至狭椭圆形。新叶四季鲜红，在其生长过程中，红色、橙色、深绿色依次呈现，且色彩持久。**【生长习性】**热带树种，但抗寒力较强，耐暑热，喜光，也耐阴，耐修剪。**【园林应用】**非常适合作绿篱，被称为“红叶绿篱之王”。还可在绿地中孤植或作行道树，或盆栽后放于商场、办公楼内等。

3 方枝蒲桃
Syzygium tephrodes

科属/桃金娘科蒲桃属　类型/常绿小乔木　原产地/澳大利亚、东南亚等地　适生区域/10～12区　株高/6米　花期/6～8月

【叶部特征】叶片革质，卵状披针形，先端钝而渐尖，基部微心形，新叶红褐色。**【生长习性】**喜温暖、湿润气候，喜光，也耐阴，耐涝旱，抗寒性好。在肥沃疏松、土层深厚、排水良好的沙壤土中生长较迅速。**【园林应用】**可供园林色块造景、林下栽培，也可作绿篱、整形灌木、盆栽。

铁力木

Mesua ferrea

别名/铁梨木、铁栗木　科属/藤黄科铁力木属　类型/常绿乔木　原产地/中国（云南等地）、印度、斯里兰卡、孟加拉国、泰国等　适生区域/11 ～ 12区　株高/20 ～ 30米　花期/3 ～ 5月

【叶部特征】叶披针形或窄卵状披针形，革质，通常下垂，下面常被白粉，侧脉极多数，斜向平行，叶面有光泽，背面灰白色。新叶乳白色、嫩黄色、粉红色或桃红色，老时深绿色。**【生长习性】**热带雨林特有树种，喜光。适合腐殖质丰富的微酸性至中性沙壤土。**【园林应用】**国家二级保护植物，优良的木本油料树种之一，适合庭园绿化观赏。

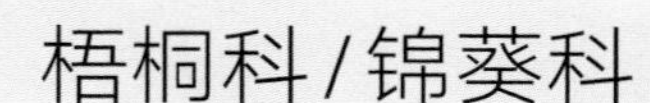

1 长柄银叶树
Heritiera angustata

别名/白楠、白符公、大叶银叶树　科属/梧桐科银叶树属　类型/常绿乔木　原产地/广东、海南和云南　株高/12米　花期/6～11月

【叶部特征】叶革质，长圆状披针形，全缘，基部楔形或近心形，叶上面无毛，下面被银白色或略带黄色的鳞秕，上面无毛。**【生长习性】**热带雨林特有树种，喜光。**【园林应用】**是红树林大家族的一员，可生长在山地或海边，是两栖类树种，可护岸防风、美化景观。

2 花叶黄槿
Talipariti tiliaceus 'Tricolor'

科属/锦葵科木槿属　类型/常绿小乔木　原产地/原种原产华南地区　适生区域/10～12区　株高/4.5～6米　花期/全年，以夏季最盛

【叶部特征】叶互生，阔心形，先端突尖，全缘，叶面具粉红、红色、褐红色、乳白色斑彩。**【生长习性】**以壤土或沙壤土为宜，排水、日照需良好。**【园林应用】**叶色优雅美观，宜作行道树、园景树、有色球体灌木或大型色块，也可作盆栽。

1 石栗

Aleurites moluccanus

别名/烛果树、黑桐油树、铁桐、油果 科属/大戟科山石栗属 类型/常绿乔木 原产地/马来半岛及太平洋群岛 株高/18米 花期/4～10月

【叶部特征】叶宽卵形或近圆形，先端渐尖，基部近平截或心形，具叶柄，托叶披针形；春季嫩叶胭脂红色或紫红色，后变为紫绿色，秋叶橙黄色或红色。**【生长习性】**亚热带阳性树种，但也能耐阴，抗寒能力较弱，对土壤要求不严，喜疏松肥沃、富含有机质的沙壤土。**【园林应用】**在亚热带地区，既适合园林群植，又适合庭园门侧、窗前孤植，同时还可在路边、水滨列植，也可盆栽观赏。

2 秋枫

Bischofia javanica

别名/茄冬、红桐、乌杨 科属/大戟科秋枫属 类型/常绿或半常绿乔木 原产地/长江以南各省区 株高/40米 花期/4～5月

【叶部特征】三出复叶，稀5小叶，小叶纸质，卵形、椭圆形、倒卵形或椭圆状卵形，顶端急尖或短尾状渐尖，边缘有浅锯齿，冬季叶变为红色。**【生长习性】**喜水湿，耐寒力较差，为热带和亚热带雨林中的主要树种。**【园林应用】**良好的观赏树和行道树。

银荆

Acacia dealbata

别名/白粉金合欢、鱼骨槐、鱼骨松　科属/含羞草科金合欢属　类型/常绿乔木　原产地/澳大利亚　适生区域/8～10区　株高/25米　花期/3～4月

【叶部特征】嫩枝及叶轴被灰色短茸毛，被白霜。二回羽状复叶，叶蓝绿至蓝灰色。

【生长习性】喜光，不耐阴。喜温暖、湿润气候，微碱性土壤会造成生长不良，喜土层深厚、排水性良好、肥沃的微酸性至中性沙壤土。耐寒性较强，能耐−8℃的低温。

【园林应用】可作行道树或在庭园孤植、丛植。

1 号角树

Cecropia peltata

别名/盾叶蚁栖树、聚蚁树　科属/桑科角树属　类型/常绿乔木　原产地/波多黎各至牙买加　适生区域/10～12区　株高/20～25米　花期/5～6月

【叶部特征】叶盾形掌状裂，有9～11裂，叶面绿色，叶背白色并被有茸毛。**【生长习性】**喜光，生长速度快，喜湿润、肥沃的微酸性至中性土壤，也可在营养贫瘠的土壤中生长，耐干旱。**【园林应用】**主要供植物园栽培陈列。

2 斑叶高山榕

Ficus altissima'Variegata'

别名/金叶大叶榕、富贵榕、金叶大青树　科属/桑科榕属　类型/常绿乔木　原产地/原种原产中国海南、广西、云南　适生区域/10～12区　株高/30米　花期/3～4月

【叶部特征】叶互生，长卵形，叶片边缘具淡绿色及黄色斑纹，叶脉黄绿色。**【生长习性】**喜高温、高湿和阳光充足的环境，不耐寒，适合生长在肥沃的沙壤土中，耐干旱，耐贫瘠。**【园林应用】**优良行道景观树种。

3 银边垂榕

Ficus benjamina'Golden King'

别名/银边垂叶榕　科属/桑科榕属　类型/常绿乔木　原产地/原种原产印度、马来西亚　适生区域/10～12区　株高/10～25米　花期/罕见

【叶部特征】叶边缘具有不规则乳黄色斑纹，叶柄细，常下垂。**【生长习性】**喜光，喜温暖、湿润气候，喜肥沃、排水良好的土壤。生长适温25～30℃，越冬温度不得低于5℃。**【园林应用】**适合作行道树、园景树或密行植作高篱，国内多作盆栽观赏。

1

2
3

1 花叶榕
Ficus benjamina 'Golden Princess'

别名/金边垂榕、斑叶垂叶榕、金公主垂榕　科属/桑科榕属　类型/常绿乔木　原产地/原种原产印度、马来西亚　适生区域/10 ～ 12区　株高/10 ～ 25米　花期/罕见

【叶部特征】枝叶垂软，叶片密集，互生，卵圆形，叶面明亮有光泽，叶面及叶缘具不规则乳黄色斑纹。**【生长习性】**同银边垂榕。**【园林应用】**同银边垂榕。

2 星光垂榕
Ficus benjamina 'Starlight'

别名/星光榕　科属/桑科榕属　类型/常绿乔木　原产地/原种原产印度、马来西亚　适生区域/10 ～ 12区　株高/15米　花期/罕见

【叶部特征】枝叶垂软，叶面具黄色至黄白色斑点。**【生长习性】**同银边垂榕。**【园林应用】**同银边垂榕。

3 斑叶垂榕
Ficus benjamina 'Variegata'

别名/花叶垂榕、白斑垂叶榕　科属/桑科榕属　类型/常绿大乔木　原产地/原种原产印度、马来西亚　适生区域/10 ～ 12区　株高/9 ～ 12米　花期/罕见

【叶部特征】分枝较多，有下垂的枝条，叶淡绿色，互生，阔椭圆形，革质光亮，全缘，叶脉及叶缘具不规则的黄色斑块。叶柄长，托叶披针形。**【生长习性】**同银边垂榕。**【园林应用】**同银边垂榕。

1
2
3

1 金亚垂榕
Ficus binnendijkii ‘Alii Gold’

别名/金叶亚里垂榕　科属/桑科榕属　类型/常绿乔木
原产地/原种原产东南亚热带雨林　适生区域/10 ~ 12区　株高/2.4 ~ 3米　花期/罕见

【叶部特征】枝干易生气根，小枝弯垂状叶互生，薄革质，卵形或狭卵形，顶端渐尖，级弯，全缘，新叶黄色。**【生长习性】**喜温暖、湿润和散射光的环境。生长适温13 ~ 30℃，越冬温度为8℃。温度低易引起落叶。生长旺盛期需充分浇水。耐旱、耐湿、抗污染。**【园林应用】**可作盆栽、庭植、修剪造型。

2 黑叶印度榕
Ficus elastica ‘Abidjan’

别名/黑金刚　科属/桑科榕属　类型/常绿乔木
原产地/原种原产亚洲热带　适生区域/10 ~ 12区
株高/20米（野外），0.3 ~ 2米（室内）　花期/罕见

【叶部特征】叶厚革质，长圆形至椭圆形，叶呈赤黑色。**【生长习性】**30℃高温下生长最快，怕酷暑，不耐寒，越冬温度不得低于15℃，喜阳光，不耐阴。喜疏松肥沃的腐殖土，能耐轻碱和微酸土壤。**【园林应用】**多作盆栽观赏。

3 白边印度榕
Ficus elastica ‘Asahi’

别名/银边橡皮树　科属/桑科榕属　类型/常绿乔木
原产地/原种原产亚洲热带　适生区域/10 ~ 12区
株高/0.3 ~ 2米　花期/罕见

【叶部特征】叶厚革质，长圆形至椭圆形，叶缘有白色带，未展开的幼叶有红色和白色。**【生长习性】**喜阳光，不耐阴，喜温暖、湿润气候。**【园林应用】**多作盆栽观赏。

1 美叶印度榕
Ficus elastica 'Decora Tricolor'

别名/美叶金刚橡胶榕、美叶橡皮树、美叶金刚、美叶橡胶榕、美叶缅树　科属/桑科榕属　类型/常绿乔木　原产地/原种原产亚洲热带　适生区域/10 ～ 12区　株高/0.3 ～ 2米　花期/罕见

【叶部特征】叶厚革质，长圆形至椭圆形，新叶淡粉色，中肋红色，叶缘有乳白色斑纹。**【生长习性】**喜阳光，不耐阴，喜温暖、湿润气候。**【园林应用】**多作盆栽观赏。

2 黄金榕
Ficus microcarpa 'Aurea'

别名/金叶小叶榕、人参榕、印第安月桂、金叶榕　科属/桑科榕属　类型/常绿乔木　原产地/原种原产亚洲热带　适生区域/10 ～ 12区　株高/3 ～ 6米　花期/5 ～ 6月

【叶部特征】单叶互生，叶形为椭圆形或倒卵形、革质，全缘，叶表光滑，有光泽，新叶呈黄色，老叶绿色。**【生长习性】**生长适温23 ～ 32℃，安全越冬温度不低于5℃。耐热、耐湿、耐旱、耐瘠、不耐阴、不耐寒、抗污染。对土壤要求不严，以肥沃、排水良好的沙质土壤为好。**【园林应用】**可作行道树、园景树、绿篱或修剪造型，也可构成图案、文字。可单植、列植、群植。

3 乳斑榕
Ficus microcarpa 'Milky Stripe'

别名/垂枝银边榕　科属/桑科榕属　类型/常绿乔木　原产地/原种原产亚洲热带　适生区域/10 ～ 12区　株高/3 ～ 6米　花期/罕见

【叶部特征】叶互生，椭圆形或倒卵形，革质，全缘，叶表光滑，有光泽，叶缘整齐，新叶呈黄色，老叶绿色。**【生长习性】**喜高温多湿，耐旱，喜光，排水良好且黏性不强的土壤均可，生长适温23 ～ 32℃。**【园林应用】**可作盆栽、行道树或园景树。

1
1
2
2

1 神秘果

Synsepalum dulcificum

别名/梦幻果、奇迹果、蜜拉圣果　科属/山榄科神秘果属　类型/常绿乔木或灌木　原产地/西非、加纳一带　适生区域/9 ～ 12区　株高/2 ～ 5米　花期/2 ～ 8月

【叶部特征】叶互生，革质，琵琶形或倒卵形，叶面青绿，叶背草绿，叶脉羽状。新叶红色。**【生长习性】**适合在热带、亚热带低海拔潮湿地区生长，喜排水良好的微酸性或中性沙质壤土。**【园林应用】**可作园林观赏，也可作圆形或云片式树形的盆景。

2 油橄榄

Olea europaea

别名/木樨榄　科属/木樨科木樨榄属　类型/常绿乔木　原产地/地中海　适生区域/8 ～ 10区　株高/10米　花期/4 ～ 5月

【叶部特征】叶片革质，披针形，有时为椭圆形或卵形，全缘，叶缘反卷，叶面暗绿色，叶背密生灰白色鳞片。**【生长习性】**喜光，喜温暖，稍耐低温，怕冻，喜土层深厚、排水良好的石灰质土壤（pH6.5 ～ 8.0），稍耐干旱，不耐水湿。**【园林应用】**可孤植、丛植于街角、庭园、雕塑、花坛作视觉焦点；可与其他树木混植在一起作配景，丰富景观色彩；可作行道树；也可成行、成片地栽植作障景或作盆景观赏。

1
2
3
4

1 香龙血树
Dracaena fragrans

别名/竹蕉、巴西铁树、银纹铁　科属/龙舌兰科龙血树属　原产地/非洲东部　类型/常绿小乔木或灌木　适生区域/9 ~ 11区　花期/2 ~ 4月　株高/6米

【叶部特征】叶簇生于茎顶，披针形，无叶柄，叶绿色或有各种银白或黄色条纹。**【生长习性】**喜高温、高湿及通风良好环境，较喜光，也耐阴，怕烈日，忌干燥，喜疏松、排水良好的沙质壤土。生长适温20 ~ 30℃，休眠温度13℃，越冬温度5℃。**【园林应用】**常作盆栽观赏。大型盆栽多用于布置会场、客厅和大堂，小型盆栽多用于点缀居室。

2 金边龙血树
Dracaena fragrans 'Vicotoria'

别名/金边竹蕉、缟叶竹蕉　科属/龙舌兰科龙血树属　原产地/原种原产非洲东部　类型/常绿小乔木或灌木　适生区域/9 ~ 11区　花期/2 ~ 4月　株高/6米

【叶部特征】叶簇生于茎顶，披针形，无叶柄，叶缘具黄色镶边，在黄绿色之间具白色细条斑。**【生长习性】**同香龙血树。**【园林应用】**同香龙血树。

3 金心龙血树
Dracaena fragrans 'Massangeana'

别名/中斑香龙血树、金心巴西铁树、金心竹蕉　科属/龙舌兰科龙血树属　原产地/原种原产非洲东部　类型/常绿小乔木或灌木　适生区域/9 ~ 11区　花期/2 ~ 4月　株高/1.5 ~ 4.5米

【叶部特征】叶簇生于茎顶，披针形，无叶柄，叶中央有宽的黄色纵条纹，新叶更明显。**【生长习性】**同香龙血树。**【园林应用】**同香龙血树。

4 银线龙血树
Dracaena fragrans 'Warneckii'

别名/白边竹蕉、银线龙血树、白边竹蕉　科属/龙舌兰科龙血树属　原产地/原种原产非洲东部　类型/常绿小乔木或灌木　适生区域/9 ~ 11区　花期/2 ~ 4月　株高/0.9 ~ 1.2米

【叶部特征】叶簇生于茎顶，剑形，先端尖，全缘，叶间有宽窄不一的银白色纵纹。**【生长习性】**同香龙血树。**【园林应用】**同香龙血树。

1
2
3
4

1 彩虹龙血树
Dracaena reflexa 'Tricolor Rainbow'

别名/缘叶龙血树、三色彩虹龙血树、彩虹竹蕉　科属/龙舌兰科龙血树属　原产地/原种原产非洲东部　类型/常绿小乔木或灌木　适生区域/9 ~ 11区　花期/2 ~ 4月　株高/0.9 ~ 1.2米

【叶部特征】叶簇生于茎顶，剑形，叶片中央呈绿色条带状，叶具奶油色缘带及紫红色缘线，犹如一道彩虹。**【生长习性】**同香龙血树。**【园林应用】**同香龙血树。

2 金黄百合竹
Dracaena reflexa 'Song of Jamaica'

别名/金黄竹蕉、中黄百合竹、金心百合竹、金心曲叶龙血树　科属/龙舌兰科龙血树属　原产地/原种原产非洲东部　类型/常绿小乔木或灌木　适生区域/9 ~ 11区　花期/2 ~ 4月　株高/2.5 ~ 4.5米

【叶部特征】叶松散成簇生长，叶片线形或披针形，顶端渐尖，全缘，叶近中肋具黄色纵纹，其他部位绿色。**【生长习性】**同香龙血树。**【园林应用】**同香龙血树。

3 黄边百合竹
Dracaena reflexa 'Variegata'

别名/花叶百合竹、金边百合竹、黄边短叶竹蕉　科属/龙舌兰科龙血树属　原产地/原种原产非洲东部　类型/常绿小乔木或灌木　适生区域/9 ~ 11区　花期/2 ~ 4月　株高/2.5 ~ 4.5米

【叶部特征】叶松散成簇生长，叶片线形或披针形，顶端渐尖，全缘，叶缘黄色，其他部位绿色。**【生长习性】**同香龙血树。**【园林应用】**同香龙血树。

4 油点木
Dracaena surculosa

别名/金斑龙血树、星点木、银星龙血树　科属/龙舌兰科龙血树属　原产地/西非　类型/常绿小乔木或灌木　适生区域/9 ~ 11区　花期/9月至翌年2月　株高/1 ~ 2米

【叶部特征】叶对生或轮生，无柄，长椭圆形或披针形，叶面有油渍般的斑纹。**【生长习性】**同香龙血树。**【园林应用】**同香龙血树。

1 霸王棕

Bismarckia nobilis

别名/俾斯麦棕、霸王榈、俾斯麦榈　科属/棕榈科霸王棕属　原产地/马达加斯加　类型/常绿乔木　适生区域/10 ~ 12区　株高/30米以上花期/6 ~ 8月

【叶部特征】叶片巨大，长约3米，扇形，多裂，蓝灰色。**【生长习性】**生长迅速，喜光，喜温暖气候，耐旱，耐寒，喜肥沃、排水良好的土壤，耐瘠薄，对土壤要求不严。**【园林应用】**多用于南方沿海城市营造“椰风海韵”的热带海滨景观。

2 红柄椰

Cyrtostachys renda

别名/红棕榈、红椰子、红槟榔、猩红椰子　科属/棕榈科红柄椰属　原产地/马来西亚、印度尼西亚、新几内亚　类型/常绿乔木　适生区域/10 ~ 12区　株高/10 ~ 15米　花期/全年

【叶部特征】叶长2 ~ 3米，羽状全裂，裂片披针形或长椭圆形，先端钝，常2浅裂；叶背灰绿色，幼时橄榄绿色，叶柄及叶鞘深红色或红褐色。**【生长习性】**喜温暖、湿润气候，喜肥沃、排水良好的土壤，越冬温度不得低于5℃。**【园林应用】**南方地区优良园林绿化树种，可丛植、片植于缘地中。

3 三角椰

Dypsis decaryi

别名/三角椰子、三角棕　科属/棕榈科三角椰属　原产地/马达加斯加　类型/常绿乔木　适生区域/10 ~ 12区　株高/7.5 ~ 9米　花期/3 ~ 5月

【叶部特征】鞘包裹部分的横切面呈三角形。羽状复叶，长2.5米，小叶细线形，灰绿色，叶柄棕褐色。**【生长习性】**喜光，喜温暖、湿润气候，耐寒，耐旱，也较耐阴。生育适温18 ~ 28℃，可耐−5℃左右低温。**【园林应用】**既可作盆栽装饰宾馆的厅堂和大型商场，也可孤植于草坪或庭园之中，观赏效果极佳。

露兜树科

1 斑叶露兜
Pandanus veitchii

别名/威氏露兜　科属/露兜树科露兜树属　类型/常绿小乔木或灌木 原产地/波利尼西亚　适生区域/10 ～ 12区　株高/1.5米　花期/罕见

【叶部特征】叶革质，线状，有光泽，呈螺旋状排列，叶宽7.5厘米，长达90厘米，暗绿色，通常在紧靠叶片边缘处有白色或黄色的竖条纹，叶缘及叶背中肋有细齿。**【生长习性】**喜高温、高湿和阳光充足的环境，不耐寒，较耐阴，抗风，较耐干旱，忌积水。栽培宜用疏松肥沃、排水良好、富含有机质的沙壤土。**【园林应用】**可盆栽置于宾馆的厅堂，也可地栽于庭园、公园，同时也是极好的插花花材。

2 金道露兜
Pandanus baptistii

别名/金道林投、金边露兜　科属/露兜树科露兜树属 原产地/新不列颠岛　类型/常绿小乔木或灌木　适生区域/10 ～ 12区　株高/2米　花期/罕见

【叶部特征】叶聚生茎端，叶片革质，带状，叶剑状线形，边缘有刺，叶中具金黄色纵纹。**【生长习性】**喜光，喜温暖，耐水湿，耐盐碱，喜富含腐殖质且排水良好的土壤。**【园林应用】**多用于海岛绿化或作盆栽。

1
2
2
2
2
3

1 青丝黄竹
Bambusa eutuldoides 'Viridivittata'

别名/惠阳花竹　科属/禾本科簕竹属　原产地/中国广东惠阳　类型/常绿乔木状竹类　株高/9 ~ 12米

【枝干特征】彩色枝干类。柱形，秆淡黄绿色，被白粉，尤以幼秆被粉较多。**【生长习性】**适合肥沃的中性至微酸性（pH 5.5 ~ 7.0）沙壤土或红壤土，喜温暖、湿润气候，适合在年均降水量600 ~ 1 200毫米，年平均日照600 ~ 1 200小时的地区生长。**【园林应用】**可用于城市公园、道路、小区绿化以及旅游风景区和城乡园林建设，也可盆栽观赏。

2 花叶青丝
Bambusa eutuldoides 'Variegata'

科属/禾本科簕竹属　原产地/原种原产中国广东惠阳　类型/常绿乔木状竹类　株高/9 ~ 12米

【枝干及叶部特征】花叶青丝与青丝黄竹特征近似，枝干被白粉，关键区别在于其部分叶片具宽窄不等的黄白色纵条纹，因而更具观赏价值。**【生长习性】**同青丝黄竹。**【园林应用】**同青丝黄竹。

3 小琴丝竹
Bambusa multiplex f. *alphonsekarrii*

别名/花茎孝顺竹、花孝顺竹、苏枋竹、花凤尾竹　科属/禾本科簕竹属　原产地/中国四川、广东和台湾　类型/常绿乔木状竹类　株高/7米

【枝干及叶部特征】枝干为黄色。嫩叶浅红色，叶与枝上均有条纹。**【生长习性】**喜温暖、湿润气候，具有较强的抗旱能力和耐寒性，在冬季−6℃左右的低温条件下能安全越冬。**【园林应用】**以丛植为主要配植方式，还可以片植或群植营造独立的竹林景观；小琴丝竹纤秀的形象也可以与亭、堂、楼、阁及其他具有坚硬性线条的建筑配植，衬托出建筑物的刚健之美，经过矮化处理的小琴丝竹，还可作地被植物观赏。

1
2

1 黄金间碧玉竹
Bambusa vulgaris f. *vittata*

别名/黄金间碧竹　科属/禾本科簕竹属　原产地/广西
类型/常绿乔木状竹类　株高/18米　笋期/6～7月和11～12月

【枝干特征】大型丛生竹，竹秆直立，梢部微曲，节间圆筒形，基部数节间具黄绿色纵条纹。**【生长习性】**喜肥沃、排水良好的沙壤土。喜光，稍耐阴，适应性强，耐寒，忌水淹。**【园林应用】**营造岭南特色大型竹林景观的优良观赏植物，可在乔木林下栽植，作为下木配植；也适用于山石园林中点缀。

2 花吊丝竹
Dendrocalamus minor var. *amoenus*

别名/花粉麻竹　科属/禾本科牡竹属　原产地/广西
类型/常绿乔木状竹类　株高/8米　笋期/10～12月

【枝干特征】彩色枝干类。节间浅黄色，节间圆筒形，竿环平坦，黄色竹秆间有绿色纵条纹。**【生长习性】**喜温暖、湿润气候，适合生长在北纬26.5°以南。要求年平均气温18～22℃。比绿竹较耐寒，但最低气温不低于−6℃，且低温不能持久。对土壤的适应性很广，喜土层深厚、疏松、湿润、肥沃、富含腐殖质的酸性至中性沙壤土。**【园林应用】**可用于营建笋用竹林和工业原料用材林；也可用于营建水土保持生态防护林，涵养水源、保持水土；还可在公园、湖岸用于营建大型绿色竹子长廊和城市园林绿化工程中搭配布景的观赏竹种；是笋用、景观绿化两用竹。

1
2

3
3

1 湘妃竹

Phyllostachys bambusoides f. *tanakae*

别名/斑竹、紫竿竹、泪竹 科属/禾本科刚竹属 原产地/原种原产中国和日本 类型/常绿乔木状竹类 适生区域/8～12区 株高/20米 笋期/5月下旬

【枝干特征】彩色枝干类。秆黄绿色具紫色斑纹。**【生长习性】**适应性强，对土壤要求不严，喜酸性、肥沃和排水良好的沙壤土。**【园林应用】**可为优良用材竹种，也可栽培供观赏。

2 黄秆乌哺鸡竹

Phyllostachys vivax 'Aureocaulis'

别名/黄竿乌哺鸡竹 科属/禾本科刚竹属 原产地/江苏、浙江 类型/常绿乔木状竹类 适生区域/7～9区 株高/5～15米 笋期/4月中下旬

【枝干特征】彩色枝干类。竿稍部下垂，微呈拱形，全部为硫黄色，中下部几个节间具1条或数条绿色纵条纹。**【生长习性】**喜土层深厚、肥沃、湿润、排水良好的沙质壤土（pH4.5～7.0）。不适于生长在过于黏重、瘠薄的土壤中。**【园林应用】**作笋用林栽培外，还可作庭园观赏。

3 花叶唐竹

Sinobambusa tootsik 'Luteoloalbostriata'

科属/禾本科唐竹属 类型/常绿乔木状 原产地/中国福建、广东、广西等地

【叶部特征】叶鞘表面无毛，边缘具纤毛；叶耳不明显，偶见有呈卵状而开展者；叶片呈披针形或狭披针形，叶面具白色纵条纹。**【生长习性】**喜温暖、湿润气候，耐一定的阴湿环境，能耐40℃高温及零下低温。**【园林应用】**适合园林绿化、庭园美化、盆栽观赏。

PART 2 落叶乔木

1 金带银杏
Ginkgo biloba 'Jindai'

科属/银杏科银杏属　类型/落叶乔木　原产地/中国　适生区域/3～10区　株高/10米　花期/4月

【叶部特征】叶片为扇形，中裂较浅，叶缘浅波状，有长柄；叶片有黄绿相间的条纹。斑纹叶占全树叶片的40%～80%，叶片春、夏、秋三季均能保持特色。**【生长习性】**该品种的生态习性与普通银杏相似，喜光树种，深根性，对气候、土壤的适应性较广，容易繁殖，管理简单。**【园林应用】**广泛应用于行道、公园、庭园、广场、旅游景点等。宜作行道树，或配植于庭园、大型建筑物周围和庭园入口等处，可孤植、对植、丛植等。

2 夏金银杏
Ginkgo biloba 'Xiajin'

科属/银杏科银杏属　类型/落叶乔木　原产地/中国　适生区域/3～10区　株高/10米　花期/4月

【叶部特征】叶片为扇形，中裂极浅，叶缘浅波状，有长柄；春季叶片色泽金黄，至夏季叶片虽有个别转为黄绿，但大部分叶片依然金黄。**【生长习性】**同金带银杏。**【园林应用】**同金带银杏。

1 金叶水杉

Metasequoia glyptostroboides 'Ogon'

别名/黄金杉　科属/杉科水杉属　类型/落叶乔木　原产地/中国　适生区域/5 ～ 10区　株高/15 ～ 30米　花期/2 ～ 3月

【叶部特征】叶呈扁平线形，新生叶在春、夏、秋三季均呈现黄绿色。**【生长习性】**喜光，不耐阴，不耐干旱和瘠薄，耐水湿，对土壤要求不严，喜土层深厚、肥沃湿润的沙壤土。**【园林应用】**可孤植观赏，可作行道树，可用于水边造景。

2 金边北美鹅掌楸

Liriodendron tulipifera 'Aureomarginata'

别名/花叶北美鹅掌楸　科属/木兰科鹅掌楸属　类型/落叶乔木　原产地/北美东南部　适生区域/4 ～ 10区　株高/12 ～ 18米　花期/3 ～ 5月

【叶部特征】叶呈马褂状，近方形，先端截形，基部内凹，两边各有一个突起，叶面边缘具有金黄色的宽带。**【生长习性】**喜光及温暖、湿润气候，稍耐阴，有一定的耐寒性，可经受−15℃低温。喜深厚肥沃、湿润且排水良好的酸性或微酸性土壤（pH4.5 ～ 6.5），忌低湿水涝。**【园林应用】**大型景观，可作庭荫树，一般不用作行道树。

1
2
1
3

1 福氏紫薇
Lagerstroemia fauriei

别名/红皮紫薇、日本紫薇、东洋紫薇、屋久岛紫薇　科属/千屈菜科紫薇属　类型/落叶小乔木或灌木　原产地/日本琉球群岛　适生区域/6 ~ 10区　株高/10 ~ 15米　花期/8 ~ 11月

【枝干及叶部特征】达到一定树龄主干脱皮呈棕紫红色，越老越红。成熟叶片较长，刚发嫩叶暗红色，老叶淡绿色，嫩叶和老叶过渡叶为暗红色至淡绿色，大部分叶为绿色。**【生长习性】**抗寒性强，能耐−20℃的低温，适应性强，对土壤要求不严；抗旱和耐高温。**【园林应用】**可在庭园、草坪孤植，绿篱建植，高速公路两旁绿化，是一种非常理想的行道树，也是制作盆景的好材料。

2 美国红叶紫薇
Lagerstroemia indica 'Pink Velour'

别名/二色矮紫薇、红叶复花矮紫薇　科属/千屈菜科紫薇属　类型/落叶小乔木或灌木　原产地/原种原产东南亚、大洋洲、中国　适生区域/6 ~ 10区　株高/1.8 ~ 3.6米　花期/6 ~ 10月

【叶部特征】叶对生，椭圆形或倒卵形，落叶前叶片转成红色。**【生长习性】**适应性强，喜光，稍耐阴，耐低温，耐热，对土壤要求不严，较耐碱性土。根系发达，生长快速，耐强修剪。**【园林应用】**同福氏紫薇。

3 金幌紫薇
Lagerstroemia indica 'Jinhuang'

科属/千屈菜科紫薇属　类型/落叶小乔木或灌木　原产地/原种原产东南亚、大洋洲、中国　适生区域/6 ~ 10区　株高/较矮小　花期/6 ~ 9月

【叶部特征】叶片卵圆形至椭圆形、革质。幼叶和幼枝紫红色，成叶金黄色。**【生长习性】**喜光，喜温暖、湿润气候，枝条较弱，耐寒性稍差，对环境条件的适应较强，耐干旱，喜肥沃、深厚、疏松呈微酸性或酸性土壤。**【园林应用】**同福氏紫薇。

锦叶榄仁

Terminalia neotaliala 'Tricolor'

别名/锦叶小叶榄仁　科属/使君子科榄仁树属　类型/落叶乔木　原产地/原种原产马达加斯加　适生区域/华南地区　株高/20米　花期/3～6月

【叶部特征】叶片呈倒阔披针形或长倒卵形，具4～6对羽状叶脉，4～7叶轮生，叶面淡绿色，具乳白或乳黄色斑，新叶呈粉红色，全株似雪花披被。**【生长习性】**喜光，喜温暖、湿润气候，喜土层深厚、湿润、肥沃、疏松的微酸性沙质土。**【园林应用】**适合在公园、广场、小区和海滨等地丛植或片植，是优良的行道树和园景树。

1
2
3
4

1 红宝石海棠
Malus micromalus‘Jewelberry’

别名/红叶海棠　科属/蔷薇科苹果属　类型/落叶乔木　原产地/原种原产北美　适生区域/4～8区　株高/3米　花期/4～5月

【叶部特征】春季红色的枝条发芽后，其嫩芽、嫩叶血红色，叶长椭圆形，锯齿尖，先端渐尖，密被柔毛，整个生长季节叶呈紫色至褐色。**【生长习性】**适应性很强，较耐瘠薄，耐寒冷，耐修剪。**【园林应用】**可绿化花坛、道路、公园、小区、庭园、街道，常在庭园门旁或亭、廊两侧种植，也是草地和假山、湖石的优良配植材料。

2 王族海棠
Malus micromalus‘Malus royalty’

别名/高贵海棠　科属/蔷薇科苹果属　类型/落叶乔木　原产地/原种原产北美　适生区域/4～8区　株高/6米　花期/4月下旬

【叶部特征】叶椭圆形，渐尖，基部楔形，具钝锯齿，紫红色带金属般的光亮。**【生长习性】**同红宝石海棠。**【园林应用】**同红宝石海棠。

3 皇家雨点海棠
Malus micromalus‘Royal Raindrops’

科属/蔷薇科苹果属　类型/落叶乔木　原产地/原种原产北美　适生区域/4～8区　株高/5～6.5米　花期/4月

【叶部特征】树干棕红色有光泽，叶片颜色也为红色，叶片形状特别，为甲子形。**【生长习性】**同红宝石海棠。**【园林应用】**同红宝石海棠。

4 紫叶桃
Prunus persica‘Atropurpurea’

别名/红叶桃、红叶碧桃、紫叶碧桃　科属/蔷薇科李属　类型/落叶小乔木　原产地/原种原产中国　适生区域/5～10区　株高/3～8米　花期/3～4月

【叶部特征】单叶互生，长圆、椭圆或倒卵状披针形，先端渐尖，基部宽楔形，上面无毛，下面在脉腋间具少数短柔毛或无毛，叶缘具锯齿。幼枝紫色，春、夏、秋叶均为紫红色。**【生长习性】**喜光，耐旱怕涝。喜富含腐殖质的排水良好的沙壤土及壤土，在黏重土壤上易发生流胶病。**【园林应用】**可孤植独立成景，可列植园路、公路两侧及建筑四周；也可群植成风景林等。

1 红叶寿星桃

Prunus persica 'Densa'

别名/美国寿星桃　科属/蔷薇科李属　类型/落叶小乔木　原产地/原种原产中国　适生区域/5～10区
株高/3～5米　花期/3～4月

【叶部特征】叶片细长，紫色。**【生长习性】**适应性强，耐旱性极强，耐瘠薄，耐−23℃低温，耐高温，喜干燥环境，喜光，也稍耐盐碱和黏重土壤，但不耐水

涝，喜排水良好的壤土。【园林应用】盆栽观赏、低矮造型球、中高层列植作色带等均可。

2 红叶樱花

Prunus serrulata 'Royal Burgundy'

别名/红叶日本晚樱、红叶山樱花　科属/蔷薇科李属　类型/落叶小乔木　原产地/原种原产中国　适生区域/5～10区　株高/5～8米　花期/3～4月

【叶部特征】叶互生，卵形及卵状椭圆形，边缘有锯齿；初春新叶深红色，老叶渐变深紫色，晚秋叶变成橘红色。**【生长习性】**生长速度较快，喜阳光，耐贫瘠，对土壤适应能力强，喜排水良好、深厚肥沃的壤土，忌积水。**【园林应用】**可用于建造樱花专类园，也可植于庭园、建筑物前、花坛内，还可作行道树或片植于山坡、空地作彩叶风景林等。

3 紫叶榆叶梅

Prunus triloba 'Atropurpurea'

别名/红叶榆叶梅　科属/蔷薇科李属　类型/落叶小乔木　原产地/原种原产中国　适生区域/6～8区　株高/6～7.5米　花期/4～5月

【叶部特征】叶宽椭圆形至倒卵形，先端3裂状，叶缘有不等的粗重锯齿，枝与叶均为紫褐色。**【生长习性】**管理粗放，移栽后浇透水，成活率相当高，喜光，稍耐阴，耐寒，能在−35℃下越冬，对土壤要求不严，以中性至微碱性而肥沃土壤为宜，耐旱、不耐涝，抗病力强。**【园林应用】**我国北方重要的绿化观花、观叶树种。

4 紫叶稠李

Prunus virginiana 'Red Select Shrub'

别名/加拿大红樱　科属/蔷薇科李属　类型/落叶乔木　原产地/原种原产北美　适生区域/2～9区　株高/15米　花期/4～5月

【叶部特征】5月气温稳定在25℃以上叶变紫红色，直至落叶。**【生长习性】**喜光，在半阴生长环境下，叶片很少转为紫红色，耐低温、耐热，喜湿润、肥沃疏松、排水良好的沙壤土(pH6～8)。**【园林应用】**我国北方重要的彩叶树种，常起分割景观空间及障景的作用，也可点缀亭阁、庭园。

1
2
2

1 紫叶合欢
Albizia julibrissin 'Purpurea'

科属/含羞草科合欢属　类型/落叶乔木　原产地/原种原产日本和亚洲西部　适生区域/8～12区　株高/16米　花期/6～8月

【叶部特征】偶数羽状复叶，互生。春季叶为紫红色，夏季为绿色。**【生长习性】**喜光，喜温暖、湿润气候，耐干旱、贫瘠，不耐严寒，不耐涝。小苗耐严寒、耐干旱及贫瘠的能力较差。**【园林应用】**孤植可为庭园树，群植与花灌类配植或与其他树种混植成风景林。

2 朱羽合欢
Albizia julibrissin 'Zhuyu'

科属/含羞草科合欢属　适生区域/8～12区　原产地/原种原产日本和亚洲西部　类型/落叶乔木　株高/16米　花期/5～7月

【叶部特征】偶数羽状复叶，互生，生长期一直呈深紫红色。**【生长习性】**喜温暖、湿润和阳光充足的环境，适应性强，对土壤要求不严格，耐瘠薄及轻度盐碱，但不耐水涝，喜排水良好、疏松肥沃的沙壤土。枝条稀疏，不耐修剪。**【园林应用】**行道树、庭荫树、四旁绿化和庭园点缀的观赏佳树，可在池畔、水滨、河岸和溪旁等处散植，可用于草坪、林缘、厂矿、街道绿化。

1 金脉刺桐

Erythrina variegate 'Parcellii'

别名/黄脉刺桐、印度刺桐　科属/蝶形花科刺桐属　类型/落叶乔木　原产地/原种原产亚洲热带　适生区域/11 ～ 12区　株高/3 ～ 27米　花期/3月

【叶部特征】羽状复叶，具3小叶，小叶宽卵形或菱状卵形，叶中肋及羽状侧脉黄色。**【生长习性】**喜高温、湿润、光照充足的环境，生长适温23 ～ 30℃。**【园林应用】**在华南地区，可用于布置庭园或建筑物四周栽植；也可作孤植材料，点缀于草坪中、湖畔旁。

2 金叶刺槐

Robinia pseudoacacia 'Frisia'

别名/福利斯刺槐　科属/蝶形花科刺槐属　类型/落叶乔木　原产地/原种原产美国　适生区域/3 ～ 9区　株高/10 ～ 20米　花期/5 ～ 9月

【叶部特征】奇数羽状复叶，互生，具9 ～ 19小叶，小叶卵形或卵状长圆形，叶黄绿色，初夏时叶色最亮。**【生长习性】**喜光，喜温暖、湿润气候，在年平均气温8 ～ 14℃、年降水量500 ～ 900毫米的地方生长良好，对土壤要求不严，适应性很强，长势强。**【园林应用】**既可作庭荫树，行道树，又是点缀草坪的良好树种。

3 黄金甲刺槐

Robinia pseudoacacia 'Huangjinjia'

别名/黄金刺槐　科属/蝶形花科刺槐属　类型/落叶乔木　原产地/原种原产美国　适生区域/3 ～ 9区　株高/10 ～ 20米　花期/5 ～ 9月

【叶部特征】奇数羽状复叶，互生，具9 ～ 19小叶，小叶卵形或椭圆形，叶金黄色。**【生长习性】**长势中等，其余同金叶刺槐。**【园林应用】**同金叶刺槐。

1 金枝槐
Sophora japonica 'Flaves'

别名/金枝国槐　科属/蝶形花科槐属　类型/落叶乔木　原产地/原种原产中国　适生区域/4～8区　株高/20米　花期/5～8月

【叶部特征】羽状复叶，托叶形状多变，枝和嫩叶在春、秋季黄色，枝干及叶黄绿色。**【生长习性】**耐旱、耐寒力较强，对土壤要求不严格，贫瘠土壤可生长。**【园林应用】**在植物景观上既可作主要树种，又可作混交树种，可孤植、丛植、群植等。

2 金叶槐
Styphnolobium japonicum 'Flavirameus'

别名/金叶国槐　科属/蝶形花科槐属　类型/落叶乔木　原产地/原种原产中国　适生区域/4～8区　株高/5～7米　花期/5～8月

【叶部特征】小枝浅绿色，奇数羽状复叶，互生，小叶金黄色，卵形或椭圆形，全缘。叶比金枝槐的叶短小，呈黄色，至秋季，大部分叶一直保持黄色至黄绿色。**【生长习性】**喜深厚、湿润、肥沃、排水良好的沙壤，对二氧化硫、氯气、氯化氢及烟尘等抗性很强。抗风力也很强。**【园林应用】**优良的城市风景林及公路绿化树种。

1

2

2

1 枫香树

Liquidambar formosana

别名/路路通、山枫香树　科属/金缕梅科枫香树属　类型/落叶乔木　原产地/原种原产湖南、江西、浙江等地　适生区域/7～10区　株高/30米　花期/3～4月

【叶部特征】 叶宽卵形，掌状3裂，基部心形具锯齿；托叶线形，早落。新叶紫红色，秋叶由绿色转黄色或红色。**【生长习性】** 喜温暖、湿润气候，喜光，幼树稍耐阴，耐干旱，耐瘠薄，不耐水涝，耐火烧，萌生力极强。抗风力强，不耐移植及修剪，不耐寒，黄河以北不能露地越冬。**【园林应用】** 南方著名的秋色叶树种，在园林中孤植、丛植、群植均可，是很好的庭荫树、行道树和厂矿区绿化树种，可以生长在干旱缺水的荒山野岭。

2 红叶杜仲

Eucommia ulmoides ‘Rubrum’

科属/杜仲科杜仲属　类型/落叶乔木　原产地/原种原产中国　适生区域/5～10区　株高/20米　花期/3～4月

【叶部特征】 单叶互生，长卵圆形，羽状脉，叶缘有锯齿，具叶柄，无托叶。春季新叶红色，夏季淡紫色，秋季紫色。**【生长习性】** 喜光，适应性强，气温不低于-20℃可安全越冬，喜湿润、温暖气候，抗逆性强。**【园林应用】** 生产杜仲雄花的优良树种，也是园林中不可多得的常彩叶乔木树种，可在园林中孤植、丛植作园景树，列植作行道树，或片植、群植作风景林等，也可营造杜仲观赏、药用专类园。

1 红霞杨

Populus × canadensis 'Hongxia'

别名/中华红霞杨　科属/杨柳科杨属　类型/落叶乔木　适生区域/4 ～ 9区　株高/15 ～ 25米　花期/4 ～ 5月

【叶部特征】叶卵形，先端急尖，基部截形，叶缘具细锯齿，叶面光滑无毛。春季叶呈大红色，随叶片增大逐渐变为粉红色，夏季叶橙红色，秋末冬初落叶前所有叶片均变为粉红色。**【生长习性】**喜光，速生，适应性强，容易无性繁殖，适合温带气候，具有一定的耐寒能力。**【园林应用】**绿化、用材兼用树种，可广泛用于道路、庭园等绿化，也可用于绿化沙漠。

2 金红杨

Populus deltoides 'Jinhong'

科属/杨柳科杨属　类型/落叶乔木　原产地/北美洲　适生区域/2 ～ 9区　株高/15 ～ 25米　花期/4 ～ 5月

【叶部特征】叶片三角形，叶面光滑，叶基阔楔形；叶芽卵形、红色、半贴生；叶片颜色从发芽期的鲜红色逐步变为橘红色、黄色，下部叶片变为黄绿色，落叶期变为橘红色。**【生长习性】**较耐寒、喜光、速生；沿河两岸、山坡和平原都能生长。适应性强，耐寒性强，能耐－45 ～ －34℃低温。**【园林应用】**可孤植作为中心景观来引导视线；片植、群植作风景林等；或作为灌木与一些同样色泽鲜亮且耐修剪的彩叶植物相搭配，还可营造模纹花坛与彩篱。

3 胡杨

Populus euphratica

别名/异叶杨　科属/杨柳科杨属　类型/落叶乔木　原产地/中国内蒙古　适生区域/4 ～ 10区　株高/10 ～ 15米　花期/5月

【叶部特征】幼树上的叶线状披针形或狭披针形，全缘或不规则的疏波状齿牙；成年树小枝泥黄色，有短茸毛或无毛，叶蓝灰色，秋叶呈黄色。**【生长习性】**喜光，耐热，耐干旱，耐盐碱，抗风沙，在湿热的气侯条件和黏重土壤上生长不良，喜沙质土壤。**【园林应用】**优良的行道树、庭园树树种，为绿化西北干旱盐碱地带的优良树种。

1 腺柳
Salix chaenomeloides

别名/红叶腺柳、红叶柳　科属/杨柳科柳属　类型/落叶乔木　原产地/辽宁南部、黄河中下游至长江中下游各省区　适生区域/4～7区　株高/8～10米　花期/的4～5月

【叶部特征】叶椭圆形、卵圆形或椭圆状披针形，先端渐尖，基部楔形；叶缘有锯齿，托叶半圆形或长圆形，早落；从顶梢叶开始具红色或红色斑彩的叶有16片，第17片叶则完全呈绿色。叶春、夏、秋三季红色。**【生长习性】**喜光，喜热，抗逆性强，适应性广，易繁殖，耐水湿。**【园林应用】**可作行道树或景观区点缀，可作河、湖边的绿化。

2 紫叶垂枝桦
Betula pendula ‘Purpurea’

别名/紫叶桦　科属/桦木科桦木属　类型/落叶乔木　原产地/新疆北部至阿尔泰山区　适生区域/2～7区　株高/9～15米　花期/4～5月

【叶部特征】单叶互生，叶片纸质，卵形或阔卵形，紫色。**【生长习性】**喜光，耐寒，耐干旱。**【园林应用】**可片植、群植作风景林。

1 紫叶欧洲山毛榉

Fagus sylvatica 'Purpurea '

别名/紫色欧洲水青冈　科属/壳斗科水青冈属　类型/落叶乔木
原产地/原种原产欧洲和英格兰南部　适生区域/5 ～ 8区
株高/12 ～ 18米　花期/4 ～ 5月

【叶部特征】叶互生，卵形至卵状长椭圆形，先端渐尖，基部广楔形，缘有尖齿，春天紫红色至红色，逐渐变绿色或紫铜色。**【生长习性】**喜光，喜温暖、湿润气候。对土壤适应性强，喜水湿，根系发达，有根瘤，固氮能力强，速生。**【园林应用】**可孤植、散植、丛植，可作庭园树、庭荫树、行道树，还可作风景林。

2 紫叶垂枝欧洲山毛榉

Fagus sylvatica 'Purpurea Pendula'

别名/紫叶垂枝水青冈　科属/壳斗科水青冈属　类型/落叶乔木
原产地/原种原产欧洲　适生区域/5 ～ 8区　株高/1.5 ～ 3.6米
花期/4 ～ 5月

【叶部特征】叶互生，卵形至卵状长椭圆形，先端渐尖，基部广楔形，缘有尖齿，春、夏两季叶呈紫红色，秋季转为黄绿色。**【生长习性】**同紫叶欧洲山毛榉。**【园林应用】**同紫叶欧洲山毛榉。

3 沼生栎

Quercus palustris

别名/针栎　科属/壳斗科栎属　类型/落叶乔木　原产地/原产美国中部和东部　适生区域/4 ～ 8区　株高/25米　花期/4 ～ 5月

【叶部特征】叶片卵形或椭圆形，顶端渐尖，基部楔形，叶缘每边5 ～ 7羽状深裂，裂片具细裂齿，叶绿色，9月变成橙红色或铜红色。**【生长习性】**耐干燥，耐高温，喜光，抗霜冻、抗风、抗空气污染，喜排水良好的土壤，但也能适应黏重土壤。**【园林应用】**潮湿地带的优良造林及观赏树种。

1
3

2

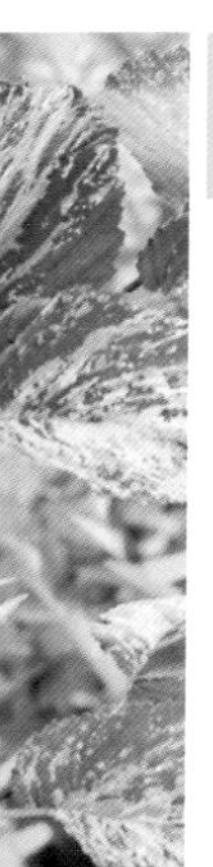

1 黄龙大叶榆
Ulmus glabra 'Lutescens'

科属/榆科榆属　类型/落叶乔木　原产地/原种原产欧洲北部至亚洲西部　适生区域/3～9区　株高/20～30米　花期/4月

【叶部特征】单叶互生，卵形、倒卵形或椭圆形，叶大，先端短而急尖，基部一边楔形，一边半心形或圆形，叶缘具锐尖锯齿，上面无毛或沿中脉疏被毛，下面幼时被柔毛，叶脉清晰，微皱，春季叶黄色，夏季叶黄绿色，秋叶呈黄色。**【生长习性】**喜光，耐寒，抗高温，喜温暖、湿润气候，耐干旱，耐瘠薄，耐盐碱，抗风沙，但不耐水湿，喜生长于土层深厚、湿润、疏松的碱性（pH 8）沙壤土，深根性树种，生长迅速，萌芽力强，耐修剪，低洼、易涝、易积水的地方不易栽植。**【园林应用】**可作庭园树、园景树、行道树，可孤植、列植或丛植，也可成片栽植营造风景林，是工厂绿化、四旁绿化、防风护堤的优良树种。

2 金叶榆
Ulmus pumila 'Aurea'

别名/中华金叶榆　科属/榆科榆属　类型/落叶乔木　原产地/原种原产亚洲寒温带　适生区域/3～9区　株高/25米　花期/3～4月

【叶部特征】单叶互生，叶片卵状长椭圆形，金黄色，先端尖，基部稍歪，边缘有不规则单锯齿。小枝黄绿色。春季至夏初，树冠的全部叶片均为黄色，盛夏后至落叶前，树冠中下部的叶片渐变为浅绿色，枝条中上部的叶片仍为黄色。**【生长习性】**喜光，耐寒，耐旱，能适应干凉气候，喜肥沃、湿润且排水良好的土壤，不耐水湿，耐干旱瘠薄和盐碱土。**【园林应用】**是乔、灌皆宜的城乡绿化重要彩叶树种，可用作行道树、庭荫树等，广泛应用于道路、庭园及公园绿化。

3 花叶榆
Ulmus pumila 'Variegata'

别名/欧洲花叶榆　科属/榆科榆属　类型/落叶乔木　原产地/原种原产亚洲寒温带　适生区域/3～9区　株高/15～20米　花期/3～4月

【叶部特征】单叶互生，叶片卵状长椭圆形，先端尖，基部稍歪，边缘有不规则单锯齿，叶缘具有细白斑。**【生长习性】**同金叶榆。**【园林应用】**同金叶榆。

1
2
3

1 金叶垂榆

Ulmus pumila 'Tenue'

别名/垂枝榆　科属/榆科榆属　类型/落叶乔木　原产地/原种原产亚洲寒温带　适生区域/3～9区　株高/25米　花期/3～6月

【叶部特征】一至三年生枝下垂，单叶互生，叶黄绿色。**【生长习性】**同金叶榆。**【园林应用】**同金叶榆。

2 红叶榆

Ulmus 'Frontier'

别名/北美红叶榆、红榆　科属/榆科榆属　类型/落叶乔木　原产地/美国　适生区域/3～9区　株高/7～8米　花期/罕见

【叶部特征】叶面暗绿色，秋叶呈橙褐色。**【生长习性】**喜光，耐高温，抗旱。种植时，宜选择排水良好的肥沃土壤。**【园林应用】**适合在庭园、社区、荒山、街道、公园等绿化。在我国东北、华北、华南地区广泛种植，深受人们喜爱。

3 锦晔榉

Zelkova serrata 'Jinye'

别名/金叶榉树　科属/榆科榉属　类型/落叶乔木　原产地/原种原产日本、中国　适生区域/5～9区　株高/30米　花期/4月

【叶部特征】嫩枝淡黄色，成熟枝黄褐色。嫩叶呈黄色，叶黄绿色。**【生长习性】**喜土层深厚、疏松、肥沃土壤，忌积水。**【园林应用】**可孤植、丛植于公园和广场的草坪、建筑旁作庭荫树，也可与常绿树种混植作风景林，或列植人行道、公路旁作行道树，也可作盆景。

1
1
1
2
2

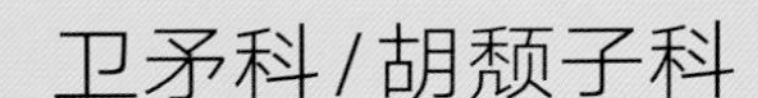

1 金叶丝棉木

Euonymus maackii 'Goldrush'

别名/金叶桃叶卫矛、金叶白杜　科属/卫矛科卫矛属　类型/落叶小乔木或灌木　原产地/原种原产日本、中国和韩国　适生区域/7～10区　株高/6米　花期/5～6月

【叶部特征】叶卵状椭圆形、卵圆形或窄椭圆形，先端长渐尖，基部阔楔形或近圆形，边缘具细锯齿，有时极深而锐利，叶柄通常细长。春、夏两季半金叶，晚秋、初冬叶片均变为红色。落叶后枝条颜色变为鲜红，天气越冷颜色越红，尤其是雪后，鲜红的树枝观赏效果突出。**【生长习性】**喜光，稍耐阴，对土壤要求不严，能耐干旱、瘠薄和寒冷，在中性、酸性及石灰性土壤上生长良好，也可在轻盐碱土壤中生长。深根性，萌蘖力强，耐修剪，对二氧化硫有很强抗性。**【园林应用】**可作彩叶绿篱、景观球、行道树、庭荫树及点缀树种。

2 沙枣

Elaeagnus angustifolia

别名/向柳、桂香柳、尖果沙枣、黄果沙枣　科属/胡颓子科胡颓子属　类型/落叶小乔木　原产地/原产亚洲西部　适生区域/7～9区　株高/5～10米　花期/5～6月

【叶部特征】小枝白色，老枝赭石色。叶薄纸质，矩圆状披针形至线状披针形，叶银白色。**【生长习性】**适应力强，对土壤、气温、湿度要求不严，抗旱，抗风沙，耐盐碱，耐贫瘠。**【园林应用】**常用来营造防护林、防沙林、用材林和风景林。

1
3
2
2

1 朝阳椿

Ailanthus altissima 'Zhaoyang'

科属/苦木科臭椿属　类型/落叶乔木　原产地/印度、菲律宾、日本、越南及中国南部　适生区域/5～10区　株高/20米　花期/4～5月

【叶部特征】奇数羽状复叶，小叶对生或近对生，纸质，卵状坡针形，新叶由橘红色过渡到杏色，成熟叶片为黄绿色，叶色观赏期长达3个多月（4月初至6月）。**【生长习性】**喜光，耐干旱，不耐水湿，较耐寒，喜排水良好的壤土和沙壤土。**【园林应用】**该品种病虫害少，抗大气污染及二氧化硫能力强，适宜作城镇行道树、公园观赏及乡村四旁绿化树种。

2 千红椿

Ailanthus altissima 'Hongye'

别名/红叶臭椿　科属/苦木科臭椿属　类型/落叶乔木　原产地/印度、菲律宾、日本、越南及中国南部　适生区域/5～10区　株高/20米　花期/4～5月

【叶部特征】叶片从3月末萌芽至5月下旬呈鲜艳的紫红色，后渐变为暗绿色，枝梢生长部位的红叶可持续到8月下旬。**【生长习性】**喜光，耐寒，耐旱，喜排水良好的沙壤土和壤土，6～9月是红叶椿的最佳生长阶段，此时树体生长迅速，应加强肥水管理。**【园林应用】**可在城市绿化、风景园林及各类庭园绿地中设计配植，可孤植、列植、丛植，还可与其他彩叶树种搭配。

3 锦业楝

Melia azedarach 'Jinye'

科属/楝科楝属　类型/落叶乔木　原产地/原种原产黄河以南各省区　适生区域/8～12区　株高/10米　花期/5月

【叶部特征】二至三回奇数羽状复叶，生长季嫩叶为金黄色，成熟叶淡黄色，小叶卵形或卵状皮针形，叶缘具粗锯齿。**【生长习性】**耐干旱，生长迅速，栽植极易成活，可以大幅降低城市绿化和护理的难度。**【园林应用】**可在草坪孤植、丛植，或配植于池边、路旁、坡地。

3
1
2
3

1 龙眼
Dimocarpus longan

别名/桂圆　科属/无患子科龙眼属　类型/落叶乔木　原产地/东南亚
适生区域/11 ～ 12区　株高/10 ～ 40米　花期/5 ～ 6月

【叶部特征】叶连柄长15 ～ 30厘米或更长；小叶4 ～ 5对，薄革质，长圆状椭圆形至披针形，两侧常不对称；小叶柄长通常不超过5毫米。新叶红色。**【生长习性】**喜光，喜温暖、湿润气候，能忍受短期霜冻，对土壤的适应性很强，碱性土不宜栽种。**【园林应用】**采用孤植或丛植，可植于公园绿地、单位附属绿地或庭园中。

2 黄金栾树
Koelreuteria integrifoliola 'Huangjin'

别名/黄金栾　科属/无患子科栾树属　类型/落叶乔木　原产地/原种原产云南　适生区域/8 ～ 11区　株高/20米　花期/6 ～ 7月

【叶部特征】二回羽状复叶，羽片5 ～ 7对，小叶5 ～ 15枚，卵状披针形或卵状椭圆形，全缘或具稀疏锯齿。春季嫩叶粉红色，伸展后黄色，7月以后老叶逐层渐变为淡黄、黄绿、绿色，上部叶片依然呈黄绿色。**【生长习性】**喜光，稍耐半阴，耐寒，但是不耐水淹，耐干旱和瘠薄，对环境适应性强，喜石灰质土壤，耐盐渍及短期水涝。**【园林应用】**宜作庭荫树、行道树及园景树。

3 锦华栾树
Koelreuteria integrifoliola 'Jinhua'

别名/锦华栾　科属/无患子科栾树属　类型/落叶乔木　原产地/原种原产中国云南　适生区域/8 ～ 11区　株高/20米　花期/8 ～ 9月

【叶部特征】二回羽状复叶，羽片5 ～ 7对，小叶5 ～ 15枚，卵状披针形或卵状椭圆形，全缘或具稀疏锯齿。新梢时始终为金黄色，近熟枝时为橘黄色或橘红色，成熟枝时为橘红色，叶片在整个生长季呈粉红、金黄、深绿、脂白。叶柄为淡红至深红色。**【生长习性】**同黄金栾树。**【园林应用】**同黄金栾树。

1 皇冠栾树

Koelreuteria paniculata 'Huangguan'

别名/皇冠栾　科属/无患子科栾树属　类型/落叶乔木　原产地/原种原产中国、韩国　适生区域/6～10区　株高/20米　花期/6～7月

【叶部特征】奇数羽状复叶，有时部分小叶深裂为不完全的二回羽状复叶，长达40厘米。春、夏、秋3季叶片呈黄色，新叶灰橙色，成熟叶黄绿色。**【生长习性】**同黄金栾树。**【园林应用】**同黄金栾树。

2 晋栾1号

Koelreuteria paniculata 'Jinluan'

科属/无患子科栾树属　类型/落叶乔木　原产地/原种原产中国、韩国　适生区域/6～10区　株高/20米　花期/7月

【叶部特征】奇数羽状复叶互生，小叶7～15枚，卵形或卵状椭圆形，有不规则粗齿或羽状深裂，有时部分小叶深裂为不完全的二回羽状复叶。4月初嫩芽红色，展叶后叶色逐渐变黄，5～6月叶黄色，6月下旬至10月上旬，从下至上叶色逐渐变为绿色。**【生长习性】**同黄金栾树。**【园林应用】**同黄金栾树。

槭树科

1 血皮槭

Acer griseum

别名/马梨光、陕西槭、秃梗槭　科属/槭树科槭属　类型/落叶乔木
原产地/中国　适生区域/4～8区　株高/10～20米　花期/4月

【枝干及叶部特征】彩色枝干类。树皮薄纸状剥裂，奇特可观。小枝圆柱形，当年生枝淡紫色，密被淡黄色长柔毛，多年生枝深紫色或深褐色。复叶有3小叶，小叶纸质，叶于10、11月变色，黄色、橘黄色至红色。**【生长习性】**喜光，不耐阴，耐寒，能耐-45℃低温，耐旱，耐瘠薄，生长速度快，喜湿润、肥沃土壤。**【园林应用】**特别适合小型造景，可以种植在庭园中，孤植或群植于灌木丛中，能显示出极高的园林观赏价值。

2 金叶复叶槭

Acer negundo 'Auratum'

别名/金叶羽叶槭、金叶美国槭、金叶白蜡槭　科属/槭树科槭属
类型/落叶乔木　原产地/原种原产北美东北部　适生区域/5～9区
株高/18米　花期/4～6月

【叶部特征】羽状复叶，叶小，纸质，椭圆形，先端渐尖，基部呈楔形，边缘具齿，淡绿色，无茸毛。嫩枝灰白色。叶春季黄色，后渐变为黄绿色。**【生长习性】**喜阳树种，较耐寒，耐旱，生长势强，对土壤要求不高，贫瘠土壤也能生长，喜肥沃且排水良好的沙壤土。**【园林应用】**在欧洲，常与金边复叶槭、粉叶复叶槭搭配应用，宜作庭荫树、行道树及园景树。

3 金花叶复叶槭

Acer negundo 'Aureomarginatum'

别名/金边阔复叶槭　科属/槭树科槭属　类型/落叶乔木　株高/6～10米
花期/4～6月　原产地/原种原产北美东北部　适生区域/5～9区

【叶部特征】羽状复叶很大，叶绿色，具金黄色花边。**【生长习性】**同金叶复叶槭。**【园林应用】**同金叶复叶槭。

1 粉叶复叶槭
Acer negundo 'Flamingo'

别名/火烈鸟复叶槭、火烈鸟梣叶槭　科属/槭树科槭属　类型/落叶乔木　原产地/原种原产北美东北部　适生区域/5 ～ 9区　株高/9 ～ 15米　花期/3 ～ 4月

【叶部特征】奇数羽状复叶，小叶纸质，卵形或椭圆状披针形，边缘有锯齿，早春小叶边缘桃红色，而后老叶粉红色、白色相间，秋季叶片橙色或黄色。**【生长习性】**耐寒性强，而耐–45℃低温，耐旱，喜光，不耐阴，耐瘠薄，生长速度快，不耐高温。**【园林应用】**在欧洲，常与金边复叶槭、粉叶复叶槭搭配应用，可作庭荫树，种植在林地边缘有吸引力。

2 红叶复叶槭
Acer negundo 'Sensation'

别名/触感复叶槭、多情复叶槭　科属/槭树科槭属　类型/落叶乔木　原产地/原种原产北美东北部　适生区域/5 ～ 9区　株高/14米　花期/3 ～ 4月

【叶部特征】奇数羽状复叶，叶较大，对生，叶背平滑，缘有不整齐粗齿。夏季新叶嫩红，老叶绿色，秋叶呈红色或赭黄色。**【生长习性】**喜光，不择土壤，耐瘠薄，耐盐碱，耐寒性较强，不易发生病虫害。**【园林应用】**作为园林风景树培育为乔木进行孤植，又可培育成灌木应用于绿篱、色带与其他彩叶植物搭配。

3 花叶复叶槭
Acer negundo var. *variegatum*

别名/宽银边复叶槭、银边复叶槭、斑纹梣叶槭　科属/槭树科槭属　类型/落叶乔木　原产地/原种原产北美东北部　适生区域/5 ～ 9区　株高/10米　花期/4 ～ 5月

【叶部特征】奇数羽状复叶，小叶3 ～ 5枚，单叶对生，卵形或椭圆形，春季叶呈黄、白、红色，成熟叶呈现黄白色与绿色相间。**【生长习性】**喜光，耐寒，耐湿，耐瘠薄，枝干萌发力强，生长势强。**【园林应用】**宜作庭荫树、行道树，可孤植点缀绿地，也可与其他树种搭配。

1
2
3

1 荷兰黄枫
Acer serrulatum 'Goldstemmed'

别名/黄金枫　科属/槭树科槭属　类型/落叶乔木　原产地/原种原产中国台湾　适生区域/7 ～ 10区　株高/4.5 ～ 6米　花期/3 ～ 5月

【叶部特征】叶掌状，对生，5 ～ 7裂，基部心脏形，裂片先端尾状，边缘有不整齐锐齿或重锐齿，嫩叶密生柔毛，老叶平滑无毛。叶黄色，叶缘具红晕。**【生长习性】**喜光，幼树喜阴，喜温暖、湿润气候，较耐旱，怕涝，有一定的耐寒性，对土壤要求不严，强光高温下易产生日灼现象。**【园林应用】**常把不同品种配植于一起，形成色彩斑斓的槭树园；也可在常绿树丛中杂以槭类品种；植于山麓、池畔，还可植于花坛中作主景树；可作盆栽。

2 旭鹤鸡爪枫
Acer palmatum 'Asahi Zuru'

别名/旭鹤掌叶槭　科属/槭树科槭属　类型/落叶乔木　原产地/原种原产中国、日本、韩国　适生区域/5 ～ 9区　株高/3.6 ～ 4.7米　花期/4 ～ 5月

【叶部特征】叶5 ～ 7裂，对生，但有一部分叶片中有镰刀形状的裂片，这类叶片一般为白色或粉色，新叶黄绿色中带有淡粉色的大斑和芝麻斑，叶会随时间逐渐变化，但黄绿色斑点一直较明显。6月斑点为粉红色，秋叶以黄色为主，并伴有红色、褐色或绿色的芝麻斑。**【生长习性】**喜温暖、半阴环境，喜疏松、肥沃的微酸土壤（pH6.1 ～ 6.5），耐湿。**【园林应用】**可孤植、群植广泛应用于公园、庭园、小区绿化，还可作为行道树。若以常绿树或白色墙为背景，景观尤为美丽。

3 红镜鸡爪枫
Acer palmatum 'Beni Kagami'

别名/旭红镜鸡爪槭、红镜日本红枫　科属/槭树科槭属　类型/落叶乔木或灌木　原产地/原种原产中国、日本、韩国　适生区域/5 ～ 9区　株高/1.2 ～ 1.8米　花期/4 ～ 5月

【叶部特征】叶5 ～ 7裂，对生，春叶为红色，叶主脉附近黄色或黄绿色，夏叶黄绿色，边缘镶淡红色边，秋叶变为鲜红色。**【生长习性】**同旭鹤鸡爪枫。**【园林应用】**同旭鹤鸡爪枫。

1 红七变化鸡爪枫

Acer palmatum 'Beni Shichihenge'

别名/红七变化日本红枫　科属/槭树科槭属　类型/落叶乔木或灌木　原产地/原种原产中国、日本、韩国　适生区域/5～9区　株高/3～3.5米　花期/4～5月

【叶部特征】叶5～7裂，对生，春叶为明亮的黄绿色，附有柿色镶边或斑块，夏叶绿色，带有淡粉色或淡黄色斑块，树枝和叶柄为明显的红色，秋叶为黄色或橙黄色。**【生长习性】**同旭鹤鸡瓜枫。**【园林应用】**同旭鹤鸡爪枫。

2 黄杆鸡爪槭

Acer palmatum 'Bihoo'

别名/美枫鸡爪枫　科属/槭树科槭属　类型/落叶乔木或灌木　原产地/原种原产中国、日本、韩国　适生区域/5～9区　株高/2～3米　花期/4～5月

【叶部特征】叶5～7裂，对生，嫩叶黄绿色，裂片周围具有赤茶色边晕，夏叶绿色，秋叶变为红色或橙红色，冬季枝条黄色。**【生长习性】**对土壤要求不严，适应力极强，耐−30℃低温，生长速度适中，抗性较强，适合南北方种植。**【园林应用】**适用于城市街道、别墅小区、庭园绿地、草坪、林缘、亭台假山、门厅入口、宅旁路隅以及池畔，特别适合制作盆景及造型。

3 血红鸡爪槭

Acer palmatum 'Bloodgood'

别名/血红日本红枫　科属/槭树科槭属　类型/落叶乔木或灌木　原产地/原种原产中国、日本、韩国　适生区域/5～9区　株高/4.5～6米　花期/4～5月

【叶部特征】叶5～7裂，对生，新叶鲜红如血，夏叶渐变为墨绿色中透着紫色，秋叶渐变为茶红色或红色。**【生长习性】**全光照或部分遮阴，适合生长在潮湿、微酸性、排水良好的肥沃土壤中，易受晚春霜冻危害。在碱性土壤中可能发生黄化。**【园林应用】**可作林下树木，或栽种于林地、花园边缘，特别适合制作盆景及造型。

1 古铜鸡爪槭

Acer palmatum 'Bronze'

别名/古铜日本红枫　科属/槭树科槭属　类型/落叶乔木或灌木　原产地/原种原产中国、日本、韩国　适生区域/5～9区　株高/10米　花期/4～5月

【叶部特征】叶5～7裂，对生，春季艳红，夏季深紫红色，秋季转变为锈铜色。**【生长习性】**喜凉爽、湿润气候，耐阴，喜疏松肥沃、排水良好的土壤。**【园林应用】**可广泛应用于园林小品的孤植或群植；还可以应用于大色块中；或与高大的落叶乔木组合成混交林；特别适合制作盆景及造型。

2 蝴蝶鸡爪槭

Acer palmatum 'Butterfly'

别名/蝴蝶日本红枫　科属/槭树科槭属 类型/落叶乔木或灌木　原产地/原种原产中国、日本、韩国　适生区域/5～9区　株高/3～4米　花期/4～5月

【叶部特征】叶5～7裂，对生，叶缘呈锯齿状，叶形奇特，成熟叶片边缘白色，其他部位绿色，如蝴蝶飞舞，嫩叶边缘红紫色。**【生长习性】**生长速度慢，耐旱，耐半阴，怕涝，喜潮湿、微酸性、排水良好的肥沃土壤。**【园林应用】**可作为主景树孤植，也可作为背景树群植，特别适合制作盆景及造型。

3 千染鸡爪槭

Acer palmatum 'Chishio'

别名/深裂紫鸡爪槭、千染枫、紫羽毛枫　科属/槭树科槭属　类型/落叶乔木或灌木　原产地/原种原产中国、日本、韩国　适生区域/5～9区　株高/0.9～1.2米　花期/4～5月

【叶部特征】叶5～7裂，对生，裂片披针形，先端长渐尖，边缘具粗锯齿。初春时为鲜红色，叶主脉附近黄色或黄绿色，5月开始叶向黄绿色变化，夏叶绿色，秋天叶变为红色或赤茶色。**【生长习性】**生长速度慢，喜湿润、温暖气候和凉爽的环境，喜光，但忌烈日暴晒，较耐阴，夏季遇干热风会造成叶缘枯卷，高温日灼还会损伤树皮，较耐寒，黄河以北适合盆栽。对土壤要求不严，喜肥沃、富含腐殖质的酸性或中性沙壤土。**【园林应用】**特别适合制作盆景及造型。

槭树科

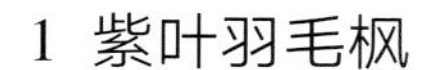

1 紫叶羽毛枫

Acer palmatum ‘Dissectum Atropurpureum’

别名/深裂紫鸡爪槭、紫细叶鸡爪槭　科属/槭树科槭属　类型/落叶乔木或灌木　原产地/原种原产中国、日本、韩国　适生区域/5～9区　株高/3～4.5米　花期/4～5月

【叶部特征】叶掌状深裂几达基部，7～11深裂，裂片狭长且羽状细裂，具细尖齿，叶紫色。**【生长习性】**生长速度慢，耐旱，需要充分光照才能形成其典型颜色。**【园林应用】**树体矮小，非常适合狭小空间的住宅区，可作为主景树孤植，也可作为背景树群植，特别适合制作盆景及造型。

2 石榴红羽毛枫

Acer palmatum ‘Dissectum Garnet’

别名/石榴红细叶鸡爪槭　科属/槭树科槭属　类型/落叶乔木或灌木　原产地/原种原产中国、日本、韩国　适生区域/5～9区　株高/3米　花期/4～5月

【叶部特征】叶掌状深裂几达基部，7～11深裂，裂片狭长又羽状细裂，具细尖齿。春天新叶红色，后渐变为紫红色，春季至夏季叶灰紫色。**【生长习性】**弱阳性树种，耐半阴，夏季易遭日灼之害，喜温暖、湿润气候，喜肥沃且排水良好的酸性或中性土壤，耐寒性强，生长速度中等偏慢。**【园林应用】**同紫叶羽毛枫。

3 乡恋羽毛枫

Acer palmatum ‘Dissectum Rubrifolium’

别名/红叶细叶鸡爪槭、红叶羽毛枫　科属/槭树科槭属　类型/落叶乔木或灌木　原产地/原种原产中国、日本、韩国　适生区域/5～9区　株高/1.5～2米　花期/4～5月

【叶部特征】叶7～9裂，裂深，边缘有较深锯齿，叶片细小狭长。春天新叶红中略带黄色，成熟春叶黄色，夏叶变为绿色，秋叶鲜红色。株型紧凑，可长成蒙古包状。**【生长习性】**耐半阴，耐寒性强（-5℃），生长缓慢，喜排水良好的中性或酸性土壤。**【园林应用】**同紫叶羽毛枫。

1
3

2

1 东山鸡爪槭
Acer palmatum 'Higasayama'

别名/夕佳鸡爪槭、日笠山鸡爪枫、日笠山红枫 科属/槭树科槭属 类型/落叶乔木或灌木 原产地/原种原产中国、日本、韩国 适生区域/5～9区 株高/4.5米 花期/4～5月

【叶部特征】叶5～7裂，每裂片中肋具绿色条带，叶缘乳白色具粉红色斑彩，秋叶呈黄色和红色。叶面的斑色随着季节的变化而改变，进入初夏由粉红变为淡黄绿色、白色，夏天部分老叶再次卷起，变成非常有趣的叶形。**【生长习性】**耐半阴，喜通风透气环境，需2小时以上的直射光。春秋足够的光照会使叶片色彩亮丽。盆栽建议夏季遮阳。冬天落叶后进入休眠期，可薄施一次氮磷钾基肥，并进行整形修剪，这样翌年早春的枝叶更加红艳。**【园林应用】**可以用作景观绿化、庭园别墅、花园阳台、高档盆景等。

2 金桂鸡爪槭
Acer palmatum 'Katsura'

别名/橙波鸡爪槭、金桂黄枫 科属/槭树科槭属 类型/落叶乔木或灌木 原产地/原种原产中国、日本、韩国 适生区域/5～9区 株高/3～4.5米 花期/4～5月

【叶部特征】叶5～7裂，裂缘有重锯齿，长势快，无任何焦叶现象，新枝红色。春叶黄绿色，略带红色边晕，夏叶渐变为绿色，秋叶先变为黄色再变为橘红色。观赏期长达160天左右。**【生长习性】**喜凉爽、湿润气候，较耐阴，耐寒，对土壤要求不严，不耐水涝，耐修剪，耐移植，适应性很强。**【园林应用】**黄河以北适合盆栽，冬季入室为宜。被广泛用于园林景观和山坡绿地，也可制作成盆景。

3 幻彩鸡爪槭
Acer palmatum 'Oridono Nishiki'

别名/幻彩枫、织殿锦鸡爪枫、霞锦鸡爪槭 科属/槭树科槭属 类型/落叶乔木或灌木 原产地/原种原产中国、日本、韩国 适生区域/5～9区 株高/4.5～6米 花期/4～5月

【叶部特征】叶5～7裂，叶片老熟幻化出各种彩色斑纹，变色期小叶不规则生长。春叶黄绿色，叶片上有白色斑纹；夏叶绿色，叶片上有白色斑纹；秋叶渐变为红色，并附有白色斑纹。**【生长习性】**树干直立性强，生长快速，适应能力强，耐−28℃低温。喜凉爽、湿润气候，耐阴，喜疏松肥沃、排水良好的土壤。**【园林应用】**可广泛应用于园艺小品的孤植或群栽，可用于池畔、溪旁、墙垣、路隅；还可用于成片的枫林，可令人感受层林尽染的壮丽。

1

2
3

1 红边鸡爪槭
Acer palmatum 'Roseo-marginatum'

别名/红边羽毛枫、红晕边鸡爪槭　科属/槭树科槭属　类型/落叶乔木或灌木　原产地/原种原产中国、日本、韩国　适生区域/5～9区　株高/3～3.5米　花期/4～5月

【叶部特征】叶5～7裂，春叶黄绿色，叶片上带有淡黄色、淡红色斑纹；夏叶绿色，叶片上带有淡黄色斑纹；秋叶渐变为黄色或橘红色。嫩叶及秋叶裂片边缘为玫瑰红色。**【生长习性】**喜半阴，耐高温，耐寒性强（可耐－12℃低温），生长缓慢，抗风性强，不择土壤。**【园林应用】**园林多用于高档小区、观光公园、宅旁路隅以及假山池畔，也适合作盆景造型。

2 红枝鸡爪槭
Acer palmatum 'Sangokaku'

别名/赤干鸡爪槭、珊瑚塔鸡爪槭、珊瑚阁鸡爪枫　科属/槭树科槭属　类型/落叶小乔木　原产地/原种原产中国、日本、韩国　适生区域/5～9区　株高/6～7.5米　花期/4～5月

【枝干及叶部特征】彩色枝干类。冬季叶落叶后枝干呈橙红色（观赏期9月至翌年4月）。叶纸质，对生，5～9裂，以7裂为主，裂深，叶缘具重锯齿。嫩叶橙色，裂片周围具有镶边状红色边晕，春叶绿色，夏叶渐变为黄绿色，秋叶渐变为黄色或赤茶色。**【生长习性】**对土壤要求不严，喜肥沃、湿润、排水良好的微酸性土壤（pH6.1～7.0）。抗寒力较强，能耐－23.3℃低温，全光照或半阴条件下均生长良好，全光照枝条红色亮艳，夏季易产生日灼，幼树应避免强光直射。**【园林应用】**可作庭园造景及盆栽造型。

3 浮云鸡爪枫
Acer palmatum 'Ukigumo'

科属/槭树科槭属　类型/落叶乔木或灌木　原产地/原种原产中国、日本、韩国　适生区域/5～9区　株高/2.1～3.6米　花期/4～5月

【叶部特征】叶绿色具白色斑点，叶先端具红色晕，整棵树看起来轻盈蓬松，像云一样。树叶在秋天落下之前会变红。在一二年生小苗期较难出锦（粉斑、白斑叶），三四年苗枝叶多后锦叶逐渐增多。**【生长习性】**种植在半阴条件下生长良好，可避免夏季产生日灼，耐寒（－5℃）。**【园林应用】**适用于庭园造景及盆栽造型，可用深色背景与叶色形成鲜明对比。

1 红国王挪威槭
Acer platanoides 'Crimson King'

别名/红帝挪威槭、绯红王挪威槭、红叶挪威槭　科属/槭树科槭属　类型/落叶乔木　原产地/原种原产欧洲及高加索一带　适生区域/4～8区　株高/9～12米　花期/3～4月

【叶部特征】叶宽大浓密，星形，春季叶呈亮紫铜色，夏季叶呈灰红色、灰紫色、黑色或褐色。**【生长习性】**喜光，土壤适应能力强，喜肥沃、排水良好的沙质土。生长速度中等。耐干热及抗盐碱能力一般，较耐寒，能耐–15℃低温。**【园林应用】**优良彩叶树种和优良行道树，可孤植、丛植于池畔、山坡或建筑物前作庭荫树，可与其他高大树木群植，也可在大型园林中作屏障或树篱。

2 金叶挪威槭
Acer platanoides 'Princeton Gold'

别名/金色普林斯顿挪威槭、普林斯顿黄挪威槭　科属/槭树科槭属　类型/落叶乔木　原产地/原种原产欧洲及高加索一带　适生区域/4～8区　株高/9～12米　花期/5～6月

【叶部特征】叶光滑、宽大，星形，春季嫩叶黄色，夏季叶面绿色、黄绿色或黄色，秋季叶片为金黄色。**【生长习性】**喜光，耐高温，夏季不易灼伤，耐寒，抗风，不择土壤。**【园林应用】**可作草坪树、景观树或行道树，可用于混交林，能较好地发挥防护效益。

3 花叶挪威槭
Acer rubrum 'Drummondii'

别名/斑叶挪威槭　科属/槭树科槭属　类型/落叶乔木　原产地/原种原产欧洲及高加索一带　适生区域/4～8区　株高/8～10米　花期/4月

【叶部特征】叶片硕大，星形，叶缘带有较宽的金边。**【生长习性】**喜光，抗风，耐寒，耐–15℃低温，生长缓慢，土壤以pH5.5～7.5为宜。**【园林应用】**1993年获得英国皇家园艺学会优秀奖，可作行道树或用于工业区绿化。

1 紫叶欧亚槭
Acer pseudoplatanus 'Atropurpureum'

别名/紫叶西克莫槭、紫叶大槭、紫叶假悬铃木　科属/槭树科槭属　类型/落叶乔木　原产地/原种原产亚洲和欧洲　适生区域/4～8区　株高/10～12米　花期/4月

【叶部特征】叶掌状5裂，基部心形，裂片卵形，缘有粗尖齿，叶背紫色。**【生长习性】**喜稍湿润、排水良好的土壤，喜光，耐半阴，耐干旱，耐盐碱，通常能耐受许多城市污染物。**【园林应用】**可作行道树或用于工业区绿化。

2 秋焰红花槭
Acer rubrum 'Autumn Flame'

别名/火红花槭、秋日梦幻、秋烈焰　科属/槭树科槭属　类型/落叶乔木　原产地/原种原产美国　适生区域/4～8区　株高/12～18米　花期/3～4月

【叶部特征】单叶对生，掌状3～5裂，叶表面亮绿色，叶背泛白，早春新生叶片呈微红色，之后变成绿色，直至深绿色，叶色春、夏季绿色，秋季气温低于15℃时开始陆续变色，呈现绿色、黄色、红色等多色共存，色彩丰富，深秋叶片全部变为宝石红色。**【生长习性】**喜光，喜水肥，耐寒，适应性强，耐干旱，耐瘠薄，耐轻度盐碱，对土壤要求不严，喜偏酸、肥沃、排水良好土壤，速生树种，耐烟尘，抗污染。**【园林应用】**被广泛应用于公园、小区、街道绿化，既可园林造景，又可作行道树或用于工业区绿化。

1

2

2

1 十月荣耀红花槭

Acer rubrum 'October Glory'

别名/十月红美国红枫、十月光辉美国红枫、十月光红槭　科属/槭树科槭属　类型/落叶乔木　原产地/原种原产美国　适生区域/4～8区　株高/12～15米　花期/3～4月

【叶部特征】单叶对生，叶掌状，3～5裂，春夏黄绿色，秋季呈明亮的深红色。幼枝红色。叶比秋焰红花槭变色时间晚。**【生长习性】**耐寒性稍差，适合种植在冬季温暖和夏季炎热的地区，各种土壤均可种植。**【园林应用】**可作行道树、遮阳树、高档庭园景观树，是替换法国梧桐、杂交马褂木、香樟树等传统城市绿化景观树的优良树种。

2 红点红花槭

Acer rubrum 'Red Pointe'

别名/美国红点红枫、红点红花枫　科属/槭树科槭属　类型/落叶乔木　原产地/原种原产美国　适生区域/4～8区　株高/10～15米　花期/3～4月

【叶部特征】单叶对生，掌状3～5裂，表面亮绿色，叶背泛白，新生叶正面呈微红色，秋季变红，红叶期可达40天以上。**【生长习性】**适应性较强，生长较快，耐寒，耐旱，耐湿，酸性至中性的土壤使叶色更艳。对有害气体抗性强，尤其对氯气的吸收力强，可作为防污染绿化树种。**【园林应用】**被广泛应用于公园、小区、街道、工业区绿化，也可作行道树，在美国该树常用作干旱地防护林树种和风景林。

1

2

2

1 美国红栌
Cotinus americana ‘Royal Purple’

别名/烟树、红叶树、紫叶黄栌　科属/漆树科黄栌属　类型/落叶乔木　原产地/原种原产北美洲　适生区域/4 ～ 8区　株高/3 ～ 4.5米　花期/4 ～ 5月

【叶部特征】单叶互生，卵形。新叶青铜色至粉红色，夏季上部叶红色，下部叶转绿色，秋季转为橙红色。**【生长习性】**喜光，耐半阴，耐寒，对土壤要求不严，耐干旱贫瘠及碱性土壤，不耐水湿，喜深厚、肥沃且排水良好的沙质壤土，生长较快，根系发达，萌蘖性强，对二氧化硫抗性较强。**【园林应用】**是不可多得的山区绿化、抗旱树种，可作公园、机关及庭园绿化，也可片植作绿地彩叶风景观赏林。

2 黄连木
Pistacia chinensis

别名/楷木、黄楝树、青籽、黄连茶　科属/漆树科黄连木属　类型/落叶乔木　原产地/中国　适生区域/7 ～ 9区　株高/25 ～ 30米　花期/3 ～ 4月

【叶部特征】偶数羽状复叶，互生，小叶5 ～ 6对，叶轴具条纹，被微柔毛，叶柄上面平，被微柔毛。春、夏季枝条先端叶灰橙色，秋叶鲜红或橙黄色。**【生长习性】**根发达，萌芽力强，喜光，怕严寒，抗风，抗二氧化硫，耐干旱、瘠薄，对土壤要求不严。**【园林应用】**城市及风景区的优良绿化树种，宜作庭荫树、行道树及观赏风景树，也常作四旁绿化及低山区造林树种。可与槭类、枫香等混植构成大片秋色红叶林，效果好。

1
2
2

1 华夏红黄连木

Pistacia chinensis 'Huaxiahong'

科属/漆树科黄连木属　类型/落叶乔木　原产地/中国
适生区域/7 ~ 9区　株高/25米　花期/3 ~ 4月

【叶部特征】偶数羽状复叶，互生，小叶5 ~ 6对，叶轴具条纹，被微柔毛，叶柄上面平，新叶灰橙色，叶脉绿色，背面灰紫色。秋色叶呈深红色。红叶观赏期11月中旬至12月上旬，单株红叶保持时间为12 ~ 16天，成片红叶林的保持时间为20 ~ 25天。**【生长习性】**根发达，萌芽力强，喜光，怕严寒，抗风，抗二氧化硫，耐干旱、瘠薄，对土壤要求不严。尤其在低海拔、低日照、低温差的气候条件下，其叶片能变为鲜亮的红色。**【园林应用】**城市及风景区的优良绿化树种，可用作速生林用材，在荒山造林和退耕还林地区发挥积极作用。

2 野漆树

Toxicodendron succedaneum

别名/染山红、山漆、漆柴　科属/漆树科漆树属　类型/落叶乔木　原产地/中国云南、西藏、四川、贵州、广西　适生区域/1 ~ 11区　株高/10米　花期/5 ~ 6月

【叶部特征】奇数羽状复叶，互生，常集生小枝顶端，无毛。小叶4 ~ 7对，叶轴和叶柄圆柱形，小叶对生或近对生，坚纸质至薄革质，小叶长椭圆状披针形，全缘，两面无毛，叶背常具白粉，新叶灰橙色，生长季节老叶绿色，秋色叶呈深红色。嫩枝红色。**【生长习性】**喜光，喜温暖，不耐寒，耐干旱、瘠薄，怕水湿，萌蘖性强，病虫害少。**【园林应用】**也可作为常规乔木层植物与常绿植物搭配；落叶期叶片均会变红，用法与火炬树、盐肤木类似。

1 紫京核桃
Juglans regia 'Zijing'

别名/五紫核桃　科属/胡桃科核桃属　类型/落叶乔木　原产地/原种原产中亚、西亚、南亚和欧洲　适生区域/3～7区　株高/2～10米　花期/5月

【叶部特征】一年生枝紫色。奇数羽状复叶，小叶5～9枚，稀3枚。春季萌芽至秋季落叶前叶呈紫色。**【生长习性】**抗性、适应性、观赏性较强。适喜深厚、疏松、肥沃土壤，喜温暖、湿润、凉爽的环境。**【园林应用】**在园林中可作道路绿化或用于景观农业。

2 花叶灯台树
Cornus controversa 'Variegata'

别名/银雪灯台树、银边灯台树　科属/山茱萸科山茱萸属　类型/落叶乔木　原产地/原种原产中国、日本　适生区域/5～8区　株高/10～12米　花期/5～6月

【叶部特征】叶宽卵形或宽椭圆形，互生，全缘，叶缘浅黄色或呈斑叶状。**【生长习性】**喜温暖气候及半阴环境，适应性强，耐寒，耐热，生长迅速。喜肥沃、湿润、疏松、排水良好的土壤。**【园林应用】**树冠形状美观，夏季花序明显，可作行道树。

蓝果树科/安息香科

1 喜树

Camptotheca acuminata

别名/旱莲、千丈树　科属/蓝果树科喜树属　类型/落叶乔木
原产地/四川和云南　适生区域/9～11区　株高/20米
花期/5～7月

【叶部特征】叶互生，长圆形或椭圆形，先端短尖，基部圆或宽楔形，新叶灰橙色。**【生长习性】**喜光，不耐严寒及干燥，对土壤酸碱度要求不严。**【园林应用】**常用作庭园树或行道树，常与合欢配植在一起，有欢欢喜喜的寓意。

2 银钟花

Halesia macgregorii

别名/山杨桃、假杨桃　科属/安息香科银钟花属　类型/落叶乔木　原产地/浙江、福建、江西、广东、湖南、广西　适生区域/6～9区　株高/7～20米　花期/4月

【叶部特征】叶纸质，椭圆形、长椭圆形或卵状椭圆形，先端尾尖，常稍弯，基部楔形，具锯齿，齿端角质红褐色。幼叶叶脉常紫红色，网脉细密，幼时两面疏被星状毛，老叶无毛。**【生长习性】**喜光，稍耐阴，喜湿润环境，耐旱，抗风，在疏松肥沃、排水良好、富含有机质的酸性土壤中生长良好。**【园林应用】**可在庭园、道路两侧栽植，或与其他植物搭配栽植，是优良的绿化观赏树种。

木樨科

1 金叶白蜡
Fraxinus chinensis 'Aurea'

别名/金冠白蜡　科属/木樨科梣属　类型/落叶乔木
原产地/原种原产中国和韩国　适生区域/5 ～ 9区
株高/10 ～ 15米　花期/3 ～ 5月

【叶部特征】小叶5 ～ 9枚，卵状椭圆形，尖端渐尖，基部狭，不对称，叶缘有齿，表面无毛。春季叶黄色，6月下旬转为黄绿色。**【生长习性】**耐干旱，耐瘠薄，耐盐碱，耐酸性土壤，较耐水湿，极耐寒，能耐−40℃低温，抗污染，能适应各种土壤。**【园林应用】**可广泛用于园林及道路绿化，又可用于点缀草坪、园林置景，还可用作篱笆和造型树。

2 金枝欧洲白蜡
Fraxinus excelsior var. *jaspidea*

别名/金色沙漠欧洲白蜡、金碧玉欧洲白蜡、金枝白蜡、贾斯皮德欧洲白蜡　科属/木樨科梣属　类型/落叶乔木　原产地/原种原产欧洲　适生区域/4 ～ 10区
株高/24 ～ 30米　花期/3 ～ 5月

【枝干及叶部特征】彩色枝干类。树枝在冬天呈黄色。新叶与秋色叶为黄色，枝条和叶片黄绿色。**【生长习性】**喜光，稍耐阴，喜温暖、湿润气候，极耐寒，喜湿，耐涝，耐干旱，对土壤要求不严。**【园林应用】**广泛应用于庭园和行道绿化。落叶后枝条呈金黄色，尤其是向阳面如同刷了黄漆一般。金枝白蜡常与其他落叶树种如红瑞木、垂柳等组成冬景，是很好的乔木型彩色树种。

1 金叶美国梓树

Catalpa bignonioides 'Aurea'

别名/黄金梓、金叶梓树、黄叶紫葳楸　科属/紫葳科梓树属　原产地/原种原产美国东南部　类型/落叶乔木　适生区域/5 ～ 10区　株高/6 ～ 8米　花期/6月

【叶部特征】叶阔卵形，3 ～ 5浅裂，有毛，新叶黄色，夏季叶转为黄绿色。**【生长习性】**喜光，喜温暖、湿润气候，稍耐阴，在肥沃、疏松的壤土中生长良好，能耐轻度盐碱，不耐瘠薄、干旱，抗烟性较强，适应性强，能耐−29℃低温。**【园林应用】**可作行道树和庭荫树，也可片植建造彩色风景林等。

2 梦幻彩楸

Catalpa bungei 'Menghuan'

科属/紫葳科梓树属　原产地/原种原产河北、河南、山东、山西、陕西、甘肃、江苏、浙江、湖南　类型/落叶乔木　适生区域/5 ～ 8区　株高/8 ～ 12米　花期/5 ～ 6月

【叶部特征】三叶轮生，叶阔卵形。春季新芽呈紫红色，顶生嫩叶边缘为不规则玫瑰红色斑块，其他嫩叶边缘为不规则黄色斑块，成熟叶片边缘为不规则白色斑块。从叶基部到尖部，斑块颜色逐渐变浅。**【生长习性】**喜光，较耐寒，适应性强，喜肥沃、湿润土壤，耐干旱，稍耐盐碱，萌蘖性强，侧根发达，耐烟尘，抗有害气体能力强，寿命长，材质好。**【园林应用】**可作农田、道路、沟坎、河道防护林，可行植、孤植、列植，是集观赏、绿化、防护、用材为一体的优良乡土彩叶树种。

3 紫叶美国梓树

Catalpa bignonioides 'Purpurea'

科属/紫葳科梓树属　原产地/原种原产河北、河南、山东、山西、陕西、甘肃、江苏、浙江、湖南　类型/落叶乔木　适生区域/4 ～ 8区　株高/9 ～ 18米　花期/5 ～ 6月

【叶部特征】叶阔卵圆形，叶基心形，新叶紫红色。**【生长习性】**喜光，耐旱，较耐寒，喜温暖、湿润气候。**【园林应用】**宜作庭园观赏树或行道树。

PART 3
常绿灌木
1
2
3

1 金叶鳞秕泽米铁
Zamia furfuracea 'Aurea'

别名/金叶阔叶美洲苏铁、福蕉、美叶苏铁　科属/泽米铁科泽米铁属　适生区域/9～11区　原产地/墨西哥及哥伦比亚　类型/常绿灌木　株高/15～30厘米　花期/罕见

【叶部特征】偶数羽状复叶，可长达1米。小叶7～12枚，长椭圆形，硬革质，无中脉，叶背可见平行脉，叶绿色，后转为橄榄绿色，强光下叶呈黄色。**【生长习性】**喜温暖，肉质根，较耐旱。**【园林应用】**可孤植、对植、丛植或与其他树种混植，常用于会场、花坛中心。

2 蓝色波尔瓦日本花柏
Chamaecyparis pisifera 'Boulevard'

别名/蓝湖柏、波尔瓦日本花柏　科属/柏科扁柏属　类型/常绿灌木　原产地/日本南部　适生区域/5～10区　株高/4～8米　花期/罕见

【叶部特征】先端鳞叶密覆小枝，蓝绿色带银色光泽，冬季转为紫色、青铜色。**【生长习性】**喜凉爽、湿润气候，忌积水，在全光照或半阴条件下均可生长，应避免强光、疾风，喜偏酸、中性和微碱性、肥沃且排水良好的土壤。**【园林应用】**适用于园景色块、矮篱，可作庭园、花园的混合花境，也可用作盆景。

3 金叶日本花柏
Chamaecyparis pisifera f. *filifera-aurea*

别名/金线日本花柏、金色海岸线柏、金叶撒瓦那扁柏　科属/柏科扁柏属　类型/常绿灌木　原产地/日本　适生区域/5～10区　株高/2～6米　花期/罕见

【叶部特征】枝条和叶均呈黄色，鳞叶对生，先端锐尖。**【生长习性】**喜光，需全日照环境，耐寒，喜湿润且排水良好的肥沃土壤。**【园林应用】**同蓝色波尔瓦日本花柏。

1
2
3

柏科

1 金叶桧

Juniperus chinensis 'Aurea'

别名/黄金柏、金星柏、金叶柏　科属/柏科刺柏属　类型/常绿灌木　原产地/原种原产中国、韩国、日本　适生区域/　株高/5.5米　花期/4月

【叶部特征】叶二型，鳞叶新芽呈黄色，针叶粗壮，初为黄金色，渐变黄白，至秋转绿色。**【生长习性】**喜光，耐阴，耐寒，对土壤要求不严，喜深厚且排水良好的中性土壤，萌芽力强，耐修剪，抗污染。生长速度较慢。**【园林应用】**可作为庭园主景树、绿篱和墙篱，也可作为街道、公路两侧的行道树，是高速公路中隔离带绿化树种，还是小区阴暗建筑物背侧的理想主栽树种。

2 金羽桧柏

Juniperus chinensis var. *plumosa-aurea*

别名/黄羽圆柏、金羽毛桧柏、金羽桧　科属/柏科刺柏属　类型/常绿灌木或小乔木　原产地/原种原产中国、韩国、日本　适生区域/4～9区　株高/1.2米　花期/罕见

【叶部特征】枝叶呈放射状扩张，先端略下垂。鳞叶黄色。**【生长习性】**喜光，略耐阴，耐热，耐旱，抗风，抗霜冻，耐寒性较强，生长速度较慢，耐空气污染，喜排水良好的土壤，切忌积水。适应弱酸性至中性土壤，稍耐碱。**【园林应用】**可孤植或用作色块、矮篱等。

3 蓝剑柏

Juniperus scopulorum 'Blue Arrow'

别名/箭落基山圆柏、蓝箭岩生圆柏　科属/柏科刺柏属　类型/常绿灌木或小乔木　原产地/原种原产北美西部　适生区域/3～7区　株高/3～5米　花期/罕见

【叶部特征】叶针形，蓝绿色。**【生长习性】**耐寒，耐旱，能适应多种气候及土壤条件，喜光，耐半阴，生长迅速。**【园林应用】**小型空间绿化的首选，尤其适用于庭园入口前对植观赏，可孤植成景或三五丛植成景，与花坛组合，效果更佳。

1

2
2

柏科

1 蓝星高山桧柏

Juniperus squamata 'Blue Star'

别名/蓝星高山桧 科属/柏科刺柏属 类型/常绿灌木状 原产地/中国西藏、云南、贵州等省份 适生区域/5～9区 株高/0.6～1米 花期/罕见

【叶部特征】叶刺形，三叶交叉轮生。叶呈蓝绿色，冬季略带青铜色。**【生长习性】**喜光，在略半阴的情况下叶银色增强，喜富含有机质的土壤或沙质、微酸性、中性和微碱性土壤，耐旱，抗风，耐盐碱，抗空气污染，耐寒性，抗霜冻，抗雪压，但不耐水湿和高温。**【园林应用】**园林中优良的地被植物和下层灌木材料，目前已经成为欧美庭园中最受欢迎的矮生型观赏针叶树种之一。

2 粉柏

Juniperus squamata 'Meyeri'

别名/梅亚利高山桧柏、蓝翠高山桧柏 科属/柏科刺柏属 类型/常绿灌木 原产地/原种原产中国西藏、云南、贵州等省份 适生区域/5～9区 株高/1.5～2.5米 花期/罕见

【叶部特征】叶刺形，三叶交叉轮生。叶排列紧密，上下两面被白粉，条状披针形，先端渐尖，幼叶蓝色，老叶绿色。**【生长习性】**喜光，能耐半阴。喜凉爽、湿润气候，耐寒性强，喜肥沃的钙质土，忌低湿，耐修剪，生长较慢。**【园林应用】**最适合孤植点缀假山、庭园或建筑，尤其适合与岩石配植，是优良的盆景植物材料。

1
1
2
3

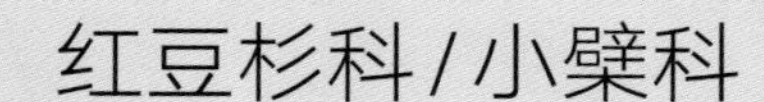

1 金叶紫杉
Taxus cuspidata ‘Nana Aurescens’

别名/金叶矮紫杉　科属/红豆杉科红豆杉属　类型/常绿灌木　原产地/日本北海道　适生区域/4～9区　株高/0.6～1米　花期/罕见

【叶部特征】叶表面深绿色有光泽，叶缘及背面黄绿色。**【生长习性】**极耐寒，极耐阴，耐修剪，怕涝，喜富含有机质的湿润土壤。**【园林应用】**可孤植或群植，还可作绿篱，由于其生长缓慢，枝叶繁多而不易枯疏，适合修剪为各种雕塑物式样。

2 南天竹
Nandina domestica

别名/南天竺、红杷子、天烛子　科属/小檗科南天竹属　类型/常绿灌木　原产地/印度、日本、中国　适生区域/7～10区　株高/1～3米　花期/3～6月

【叶部特征】叶互生，集生于茎的上部，三回羽状复叶；小叶薄革质，椭圆形或椭圆状披针形，全缘，上面深绿色，背面叶脉隆起，两面无毛，近无柄。冬季叶变红色，新叶灰红色。**【生长习性】**喜温暖、湿润及通风良好的半阴环境，较耐寒，能耐微碱性土壤，强光下叶色变红，在光照不足的环境里部分叶片会返绿，喜肥沃且排水良好的沙壤土。**【园林应用】**常与金叶女贞、大叶黄杨组成绿篱、色块与色带；由于其比较耐阴，也常种植在乔木下、建筑物荫蔽处。

3 火焰南天竹
Nandina domestica ‘Flame’

科属/小檗科南天竹属　类型/常绿灌木　原产地/印度、日本、中国　适生区域/7～10区　株高/40厘米　花期/3～6月

【叶部特征】叶椭圆或卵形，新叶红紫色，后期全株红紫色。观赏期每年10月开到翌年4月，在长江以南大部分地区观赏期可达5个月，北方可观赏的时间会更长。**【生长习性】**喜光，喜温暖、湿润气候，对土壤要求不严，喜欢疏松排水的土壤。**【园林应用】**可群植、列植或与其他植物混植等，多作近景植物配植。

1
1
2

1 雅乐之舞

Portulacaria afra 'Foliis Variegata'

别名/花叶树马齿苋、斑叶马齿苋树　科属/马齿苋科马齿苋属　类型/常绿肉质亚灌木　原产地/原种原产纳米比亚和南非　适生区域/9～11区　株高/1.5～2米　花期/7～8月

【叶部特征】叶卵形，肉质，交互对生，叶绿色，叶边缘黄白色，具红晕。**【生长习性】**喜阳光充足、温暖干燥的生长环境，生长迅速，耐干旱，夏季高温时节应放于通风阴凉处，闷热潮湿环境容易导致根部腐烂。**【园林应用】**常作盆栽观赏。

2 金边瑞香

Daphne odora 'Aureomarginata'

别名/花叶瑞香　科属/瑞香科瑞香属　类型/常绿灌木　原产地/原种原产中国和日本　适生区域/8～10区　株高/60～90厘米　花期/3～5月

【叶部特征】叶片密集轮生，椭圆形，叶面光滑，革质，两面均无毛，表面深绿色，叶背淡绿色，叶缘金黄色，叶柄粗短。**【生长习性】**喜散射光，忌曝晒，喜温暖、凉爽气候，喜半阴环境，除亚热带地区外，冬季需室内越冬，喜疏松肥沃、富含腐殖质的酸性土壤。**【园林应用】**适合盆栽，可孤植或丛植于林间空地、林缘道旁、山坡台地及假山阴面，还可散植于岩石间。

1 红花银桦
Grevillea banksii

别名/班西银桦　科属/山龙眼科银桦属　类型/常绿灌木　原产地/澳大利亚西澳大利亚州　适生区域/8～9区　株高/4～8米　花期/11月至翌年5月

【叶部特征】单叶互生，二回羽状深裂，裂片5～12对，近披针形，叶面深绿色，中脉下陷，叶背面银白色，被褐色茸毛与银灰色绢毛。**【生长习性】**喜温暖、湿润气候，耐酸性土壤，耐烈日酷暑，耐旱，耐瘠薄，较耐寒冷，在5℃以上能正常生长。**【园林应用】**常用于花境、道路绿化以及松林改造，在花境中可作为上层树种作背景树栽植；还可用于沿路、沿江河生态景观。

2 银边海桐
Pittosporum tobira 'Variegatum'

别名/花叶海桐、斑叶海桐　科属/海桐花科海桐花属　类型/常绿灌木或小乔木　原产地/原种原产中国和日本　适生区域/9～11区　株高/10～25米　花期/5月

【叶部特征】叶聚生枝顶，革质，初两面被柔毛，后脱落无毛，倒卵形，先端圆或钝，基部窄楔形，侧脉6～8对，全缘，叶面具不规则白斑。**【生长习性】**喜光，略耐阴，喜温暖、湿润气候及肥沃湿润土壤，不耐寒，华北地区不能露地越冬。**【园林应用】**可作园林色块、矮篱、球形植物，又可作沿海绿化树种，可片植、丛植和列植。

2

山茶科

1 红叶连蕊茶
Camellia trichoclada ‘Redangel’

别名/红叶山茶　科属/山茶科山茶属　类型/常绿灌木　原产地/原种原产中国　适生区域/　株高/1米　花期/1～3月

【叶部特征】叶小而密，薄革质而有光泽，卵形至椭圆状卵形，新叶血红色。**【生长习性】**耐贫瘠，抗逆性强，易分枝，能自然成形，耐修剪。**【园林应用】**可用作园林色块或绿篱。

2 美国红叶贝拉山茶
Camellia ‘Hongye Beila’

别名/红叶贝拉茶花　科属/山茶科山茶属　类型/常绿灌木或小乔木　原产地/原种原产中国，由美国加州牛西奥苗圃培育　适生区域/8～10区　株高/80～100厘米　花期/12月至翌年4月

【叶部特征】叶厚实，长椭圆形，先端钝，叶芽为黑红色，红叶从春季一直延续到夏季。**【生长习性】**抗性极强，长势旺盛，生长适温−12～40℃，喜偏酸且透气性良好的土壤。**【园林应用】**常用于公园、庭园、盆栽、造型、观光园、景区、茶花花海、专类园等彩化。

桃金娘科

1 火焰红花红千层
Callistemon citrinus 'Firebrand'

别名/火焰美花红千层　科属/桃金娘科红千层属　类型/常绿灌木　原产地/原种原产澳大利亚东部　适生区域/8 ~ 11区　株高/50厘米　花期/5 ~ 6月

【叶部特征】叶革质，线形，先端尖锐，嫩枝、嫩叶银粉色。**【生长习性】**喜温暖、湿润气候，喜肥沃、酸性土壤。**【园林应用】**用于公园、庭园及街边绿地。

2 红梢红千层
Callistemon rigidus 'Red'

科属/桃金娘科红千层属　类型/常绿灌木　原产地/原种原产澳大利亚东部　适生区域/8 ~ 11区　株高/4 ~ 6米　花期/5 ~ 6月

【叶部特征】叶革质，线形，先端尖锐，顶部叶片红色。**【生长习性】**同火焰红花红千层。**【园林应用】**同火焰红花红千层。

3 皇后澳洲茶
Leptospermum laevigatum 'Burgundy Queen'

别名/皇后薄子木　科属/桃金娘科薄子木属　类型/常绿灌木或小乔木　原产地/塔斯马尼亚岛　适生区域/9 ~ 11区　株高/3米　花期/5 ~ 8月

【叶部特征】叶似松叶，叶紫红色。**【生长习性】**喜凉爽湿润、阳光充足的环境。**【园林应用】**除盆栽外，还可用作庭园灌木、切花花材。

1

2
2

桃金娘科

1 花叶香桃木

Myrtus communis 'Variegata'

别名/黄金香柳、金叶细花白千层　科属/桃金娘科香桃木属　类型/常绿灌木或小乔木　原产地/原种原产地中海地区　适生区域/8～11区　株高/5米　花期/5～6月

【叶部特征】叶革质，对生，叶边缘具乳白色或乳黄色斑块，全缘，有小油点，叶揉搓后具有香味。**【生长习性】**喜温暖、湿润气候，喜光，耐半阴，萌芽力强，耐修剪，病虫害少，可种植于中性至偏碱性土壤。**【园林应用】**可用于庭园、公园、小区及高档居住区的绿地。

2 赤楠

Syzygium buxifolium

别名/鱼鳞木、赤兰、山乌珠　科属/桃金娘科蒲桃属　类型/常绿灌木或小乔木　原产地/秦岭以南地区及日本琉球群岛、越南　适生区域/7～10区　株高/1.2～4.5米　花期/6～8月

【叶部特征】叶对生，革质，阔椭圆形至椭圆形，叶上面干后暗褐色，无光泽，下面稍浅色。新叶绿色。**【生长习性】**喜温暖、湿润气候，对光照的适应性较强，较耐阴，耐寒力较差，适生于疏松肥沃且排水良好的酸性沙质土壤。**【园林应用】**可配植于庭园、假山、草坪林缘观赏，也可修剪为球形灌木，或作绿篱，也常作盆景观赏。

1
2

3

1 三色金丝桃
Hypericum monogynum 'Tricolor'

科属/藤黄科金丝桃属　类型/常绿灌木　原产地/原种原产中国　适生区域/6～9区　株高/30～80厘米　花期/6～9月

【叶部特征】叶椭圆形，叶缘粉红色，红色带细窄，叶中脉浅黄色。**【生长习性】**喜温暖、湿润气候，喜光，稍耐阴，较耐寒，对土壤要求不严。**【园林应用】**植于庭园假山旁、路旁或点缀草坪。华北多盆栽观赏，也可作切花材料。

2 金边纹瓣悬铃花
Abutilon pictum 'Marginata'

别名/金边金铃花　科属/锦葵科白麻属　类型/常绿灌木　原产地/原种原产巴西、乌拉圭　适生区域/9～11区　株高/0.6～1.8米　花期/几乎全年，盛期为夏季

【叶部特征】叶掌状3～5深裂，边缘具锯齿或粗齿，两面均无毛或仅下面疏被星状柔毛，叶绿色，叶缘黄白色。具叶柄，无毛；托叶钻形，常早落。**【生长习性】**喜高温，不耐寒，喜光，稍耐半阴，喜肥。**【园林应用】**可用于庭园绿化。

3 红叶木槿
Hibiscus acetosella

别名/丽葵、红叶槿、紫叶木槿　科属/锦葵科木槿属　类型/常绿灌木　原产地/非洲热带　适生区域/8～11区　株高/1～3米　花期/5～10月

【叶部特征】全株紫红色，叶互生，近紫色，轮廓近宽卵形，掌状3～5裂或深裂，裂片边缘有波状疏齿。**【生长习性】**喜高温、多湿，生育适温22～30℃。**【园林应用】**盆栽可用于阳台、卧室、书房或天台绿化，或植于庭园、路边，适合公园、绿地等丛植观赏。

1
1

2

1 锦叶扶桑

Hibiscus rosa-sinensis 'Cooperi'

别名/花叶朱槿、七彩大红花、花叶小红扶桑　科属/锦葵科木槿属　类型/常绿灌木　原产地/原种原产中国南部　适生区域/9 ~ 11区　株高/1 ~ 2米　花期/几乎全年

【叶部特征】叶长卵形或卷曲缺裂，叶有白、红、淡红、黄、淡绿等不规则斑纹。**【生长习性】**喜高温、多湿，生育适温22 ~ 30℃，越冬温度不低于10℃。栽培土质以肥沃、排水性好、富含有机质的沙质壤土为宜，日照愈强叶色愈鲜艳。**【园林应用】**适合作盆栽、绿篱，或庭园造型美化。

2 白锦扶桑

Hibiscus rosa-sinensis 'Cooperi Alba'

科属/锦葵科木槿属　类型/常绿灌木　原产地/原种原产中国南部　适生区域/9 ~ 11区　株高/1.8 ~ 3.0米　花期/几乎全年

【叶部特征】叶长卵形或卷曲缺裂，叶白色，叶缘呈红色。**【生长习性】**同锦叶扶桑。**【园林应用】**同锦叶扶桑。

1
2
3
4
4

1 旋叶银边红桑

Acalypha wilkesiana 'Alba'

别名/镶边旋叶铁苋、旋叶铁苋菜　科属/大戟科铁苋菜属　类型/常绿小灌木
原产地/原种原产太平洋诸岛　适生区域/9～12区　株高/0.6～1.2米
花期/全年

【叶部特征】单叶互生，叶阔卵形，叶面呈波浪皱折状，具不规则波状锯齿，叶缘白色。**【生长习性】**喜高温、多湿，抗寒力低，不耐霜冻，耐高温，应增施磷、钾肥。**【园林应用】**在南方地区常作庭园、公园中的绿篱和观叶灌木，可配植在灌木丛中点缀色彩，长江流域及以北地区作盆栽观赏。

2 撒金红桑

Acalypha wilkesiana 'Java White'

别名/撒金铁苋、爪哇白铁苋菜、乳叶红桑　科属/大戟科铁苋菜属　类型/常绿小灌木　原产地/原种原产太平洋诸岛　适生区域/9～12区　株高/2～3米　花期/全年

【叶部特征】单叶互生，叶阔卵形，叶铜绿色，叶面具黄色斑点或斑块。**【生长习性】**同旋叶银边红桑。**【园林应用】**同旋叶银边红桑。

3 科纳海岸红桑

Acalypha wilkesiana 'Kona Coast'

科属/大戟科铁苋菜属　类型/常绿小灌木　原产地/原种原产太平洋诸岛
适生区域/9～12区　株高/1.2～1.8米　花期/全年

【叶部特征】单叶互生，叶阔卵形，叶黄绿色，叶面具绿色斑点或斑块。**【生长习性】**同旋叶银边红桑。**【园林应用】**同旋叶银边红桑。

4 凹叶红桑

Acalypha wilkesiana 'Obovata'

别名/倒卵叶红桑、凹叶铁苋　科属/大戟科铁苋菜属　类型/常绿小灌木
原产地/原种原产太平洋诸岛　适生区域/9～12区　株高/3米　花期/全年

【叶部特征】单叶互生，叶阔卵形，叶紫色，叶缘红色。**【生长习性】**同旋叶银边红桑。**【园林应用】**同旋叶银边红桑。

1 皱叶红桑
Acalypha wilkesiana 'Hoffmanii'

别名/镶边旋叶铁苋、皱叶铁苋　科属/大戟科铁苋菜属　类型/常绿小灌木　原产地/原种原产太平洋诸岛　适生区域/9～12区　株高/1.5米　花期/全年

【叶部特征】单叶互生，叶阔卵形，叶绿色，叶缘银白色。**【生长习性】**同旋叶银边红桑。**【园林应用】**同旋叶银边红桑。

2 银边红桑
Acalypha wilkesiana 'Musaica'

别名/斑叶红桑、变色红桑、彩叶铁苋　科属/大戟科铁苋菜属　类型/常绿小灌木　原产地/原种原产太平洋诸岛　适生区域/9～12区　株高/2米　花期/全年

【叶部特征】单叶互生，叶阔卵形，叶嫩时边缘白色，随后逐渐变成玫瑰红色。**【生长习性】**同旋叶银边红桑。**【园林应用】**同旋叶银边红桑。

3 二列黑面神
Breynia disticha

别名/白雪树、白漆木、雪花木、白斑叶山漆茎　科属/大戟科黑面神属　类型/常绿小灌木　原产地/亚洲及澳大利亚、大洋洲等热带地区岛屿　适生区域/11～12区　株高/50～120厘米　花期/6～11月

【叶部特征】叶圆形或阔卵形，全缘，互生，排成2列，小枝似羽状复叶；叶缘分布有白色或乳白色斑点；新生叶色泽更加鲜明，叶端较钝，叶面光滑。**【生长习性】**喜高温、光照，也耐半阴，喜肥沃、疏松、排水良好的沙质土壤，不耐寒，耐旱。**【园林应用】**可结合乔木配植在工矿、企业、庭园、小区、公园、学校等地观赏，也可点缀于护坡、林缘、路边、池畔、山石等处。

4 彩叶山漆茎
Breynia disticha 'Roseopicta'

别名/花叶山漆茎、彩叶黑面神　科属/大戟科黑面神属　类型/常绿小灌木　原产地/原种原产哥伦比亚　适生区域/11～12区　株高/50～120厘米　花期/6～11月

【叶部特征】单叶二列状互生，叶形介于椭圆形和倒卵形之间，叶全缘，叶端钝，叶面光滑，叶脉则有5～8对羽状侧脉组成；幼叶有红、白色不规则斑纹，老叶绿色或白斑镶嵌。**【生长习性】**同二列黑面神。**【园林应用】**同二列黑面神。

1 五彩蜂腰变叶木

Codiaeum variegatum 'Applanatum'

别名/蜂腰变叶木　科属/大戟科变叶木属　类型/常绿灌木或小乔木　原产地/原种原产哥伦比亚　适生区域/11 ～ 12区　株高/2米　花期/9 ～ 10月

【叶部特征】叶互生，叶片中间常分隔收缩。叶绿色或紫绿色，具黄色或桃红色斑点。**【生长习性】**喜高温、湿润和阳光充足的环境，不耐寒。**【园林应用】**华南地区多用于公园、绿地和庭园美化，既可丛植，也可作绿篱，在长江流域及以北地区均作盆花栽培，装饰房间、厅堂和布置会场。其枝叶是插花理想的配叶料。

2 撒金变叶木

Codiaeum variegatum 'Aucubaefolium'

别名/海南洒金变叶木、桃叶珊瑚叶变叶木　科属/大戟科变叶木属　类型/常绿灌木或小乔木　原产地/原种原产哥伦比亚　适生区域/11 ～ 12区　株高/2.5 ～ 5.5米　花期/9 ～ 10月

【叶部特征】叶互生，条形至矩圆形多变，全缘或分裂，扁平，或呈波状、螺旋扭曲。叶上散布大小不等的黄色斑点。**【生长习性】**同五彩蜂腰变叶木。**【园林应用】**同五彩蜂腰变叶木。

3 红宝石变叶木

Codiaeum variegatum 'Baronne James Rothschild'

科属/大戟科变叶木属　类型/常绿灌木或小乔木　原产地/原种原产哥伦比亚　适生区域/11 ～ 12区　株高/1.8米以上　花期/9 ～ 10月

【叶部特征】叶互生，叶片线形至椭圆形，宽窄不一，革质，全缘或分裂，叶形变化大，叶色丰富，新叶黄绿杂色，老叶红绿混杂。**【生长习性】**同五彩蜂腰变叶木。**【园林应用】**同五彩蜂腰变叶木。

4 金光变叶木

Codiaeum variegatum 'Chrysophyllum'

科属/大戟科变叶木属　类型/常绿灌木或小乔木　原产地/原种原产哥伦比亚　适生区域/11 ～ 12区　株高/80 ～ 150厘米　花期/9 ～ 10月

【叶部特征】叶互生，长椭圆形，先端尖，基部楔形，全缘，叶面具不规则黄色斑块。**【生长习性】**同五彩蜂腰变叶木。**【园林应用】**同五彩蜂腰变叶木。

1
2

3

1 仙戟变叶木

Codiaeum variegatum 'Excellent'

别名/琴叶变叶木、美丽变叶木、角叶变叶木　科属/大戟科变叶木属　类型/常绿灌木或小乔木　原产地/原种原产哥伦比亚　适生区域/11 ~ 12区　株高/0.9 ~ 1.2米　花期/9 ~ 10月

【叶部特征】叶互生，长椭圆形，先端尖，基部楔形，全缘，叶脉及叶缘具黄色或桃红色斑纹，乃至全叶黄色。**【生长习性】**同五彩蜂腰变叶木。**【园林应用】**同五彩蜂腰变叶木。

2 榕叶变叶木

Codiaeum variegatum 'Golden Queen'

别名/洒金榕、桃叶珊瑚变叶木、喷金变叶木　科属/大戟科变叶木属　类型/常绿灌木或小乔木　原产地/原种原产哥伦比亚　适生区域/11 ~ 12区　株高/0.5 ~ 2.5米　花期/9 ~ 10月

【叶部特征】叶形有线形、披针形，椭圆形等，叶上具有较多的黄色斑块。**【生长习性】**同五彩蜂腰变叶木。**【园林应用】**同五彩蜂腰变叶木。

3 柳叶细叶变叶木

Codiaeum variegatum 'Graciosum'

别名/柳叶变叶木　科属/大戟科变叶木属　类型/常绿灌木或小乔木　原产地/原种原产哥伦比亚　适生区域/11 ~ 12区　株高/2 ~ 3米　花期/9 ~ 10月

【叶部特征】叶带状，深绿色，具黄色斑点。**【生长习性】**同五彩蜂腰变叶木。**【园林应用】**同五彩蜂腰变叶木。

1 晨星阔叶变叶木

Codiaeum variegatum 'Harvest Moon'

别名/满月变叶木　科属/大戟科变叶木属　类型/常绿灌木或小乔木　原产地/原种原产哥伦比亚　适生区域/11 ～ 12区　株高/0.9 ～ 1.8米　花期/9 ～ 10月

【叶部特征】叶卵形，叶深绿色，具黄色斑点。**【生长习性】**同五彩蜂腰变叶木。**【园林应用】**同五彩蜂腰变叶木。

2 洒金蜂腰变叶木

Codiaeum variegatum 'Interruptum'

别名/蜂腰飞燕变叶木、飞燕复叶变叶木　科属/大戟科变叶木属　类型/常绿灌木或小乔木　原产地/原种原产哥伦比亚　适生区域/11 ～ 12区　株高/90 ～ 240厘米　花期/9 ～ 10月

【叶部特征】叶子分成两截，中间一细柄相连，恰似蜂腰，叶紫红色，具粉红色斑点。**【生长习性】**同五彩蜂腰变叶木。**【园林应用】**同五彩蜂腰变叶木。

3 砂子剑变叶木

Codiaeum variegatum 'Katonii'

别名/卡托尼变叶木　科属/大戟科变叶木属　类型/常绿灌木或小乔木　原产地/原种原产哥伦比亚　适生区域/11 ～ 12区　株高/1.2米　花期/9 ～ 10月

【叶部特征】叶长戟形，集中着生于枝端，叶绿色，具黄色斑点。**【生长习性】**同五彩蜂腰变叶木。**【园林应用】**同五彩蜂腰变叶木。

1
2
3

1 扭叶变叶木

Codiaeum variegatum 'Mammy'

别名/螺旋叶变叶木　科属/大戟科变叶木属　类型/常绿灌木或小乔木　原产地/原种原产哥伦比亚　适生区域/11 ~ 12区　株高/60 ~ 90厘米　花期/9 ~ 10月

【叶部特征】叶互生，厚革质，叶缘反曲而扭转，叶红色。**【生长习性】**同五彩蜂腰变叶木。**【园林应用】**同五彩蜂腰变叶木。

2 长叶变叶木

Codiaeum variegatum var. *pictum*

别名/彩色变叶木　科属/大戟科变叶木属　类型/常绿灌木或小乔木　原产地/原种原产哥伦比亚　适生区域/11 ~ 12区　株高/0.9 ~ 1.8米　花期/9 ~ 10月

【叶部特征】叶长披针形，叶面呈黄色、粉红色、猩红色等单色或复色。**【生长习性】**同五彩蜂腰变叶木。**【园林应用】**同五彩蜂腰变叶木。

3 镶边旋叶铁苋

Acalypha wilkesiana 'Hoffmanii'

别名/皱叶红桑、皱叶铁苋　科属/大戟科变叶木属　类型/常绿灌木或小乔木　原产地/亚洲或太平洋诸岛　适生区域/11 ~ 12区　株高/2.5米　花期/7 ~ 8月

【叶部特征】叶卵形，边缘具锯齿，叶缘银白色。**【生长习性】**喜温暖环境，不耐寒，而耐高温。**【园林应用】**在南方地区常作庭园、公园中的绿篱和观叶灌木，可片植、丛植配植在灌木丛中增加自然色彩，北方以盆栽为主。

1 紫锦木

Euphorbia ammak 'Variegata'

别名/俏黄栌、非洲红、非洲黑美人　科属/大戟科大戟属　类型/常绿或半落叶大灌木或小乔木　原产地/西印度群岛、非洲热带　适生区域/10～11区　株高/13～15米　花期/1～3月

【叶部特征】叶3枚轮生，圆卵形，边缘全缘，两面紫红色，叶柄略带红色。**【生长习性】**喜温暖、湿润和阳光充足环境，不耐寒，耐干旱，怕积水，耐瘠薄土壤。冬季应不低于10℃。**【园林应用】**常作盆栽观赏，暖地也可用于配植园林景观。

2 红背桂

Excoecaria cochinchinensis

别名/青紫木、红背桂花、紫背桂　科属/大戟科海漆属　类型/常绿小灌木　原产地/越南　适生区域/10～11区　株高/1米　花期/几乎全年

【叶部特征】叶对生，稀兼有互生或近3片轮生，纸质，叶片狭椭圆形或长圆形，叶表面绿色，背面红紫色。**【生长习性】**喜温暖及散射光环境，耐半阴。冬季室温应保持16℃以上，怕暑热，当夏季气温超过32℃时生长停止。喜疏松肥沃的酸性腐殖土，不耐旱，忌涝，极不耐碱，要求通风良好的环境。**【园林应用】**我国长江流域及以南地区常用作盆栽，也可以地栽于庭园、墙旁等处。

3 花叶红背桂

Excoecaria cochinchinensis 'Variegata'

别名/斑叶红背桂　科属/大戟科海漆属　类型/常绿小灌木　原产地/越南　适生区域/10～11区　株高/1米　花期/几乎全年

【叶部特征】叶对生，矩圆形或倒卵状矩圆形，叶面具黄白色斑块，叶背红色。**【生长习性】**同红背桂。**【园林应用】**同红背桂。

1
2
3
3
3

1 小丑火棘

Pyracantha fortuneana 'Harlequin'

科属/蔷薇科火棘属　类型/常绿灌木　原产地/原种原产中国西南部　适生区域/6～8区　株高/1～3米　花期/3～5月

【叶部特征】叶卵形或卵状长圆形，小而密集，叶色丰富，叶缘有乳白色或乳黄色花纹，似小丑花脸。**【生长习性】**遇到冬季极端低温（-17℃）现象也不会出现冻害，耐盐碱土，在含盐量0.2%、pH8.0以下的土壤中能生长良好，耐干旱，耐瘠薄。**【园林应用】**优良的观叶兼观果植物。可作地被、绿篱，通过修剪可作球形、柱形等造型，可孤植或丛植。

2 银叶金合欢

Acacia podalyriifolia

别名/真珠叶相思树　科属/含羞草科金合欢属　类型/常绿灌木或小乔木　原产地/澳大利亚　适生区域/8～10区　株高/2～4米　花期/3～6月

【叶部特征】托叶针刺状，二回羽状复叶，叶银灰色，整个树冠呈银灰色。**【生长习性】**喜光，不耐阴，喜温暖、湿润气候，微碱性土会造成生长不良，喜疏松、排水性良好、肥沃的沙壤土，耐寒性较强，能耐-8℃的低温。**【园林应用】**可作行道树或在庭园孤植、丛植。

3 沙冬青

Ammopiptanthus mongolicus

别名/蒙古沙冬青、蒙古黄花木　科属/蝶形花科沙冬青属　类型/常绿灌木　原产地/内蒙古、甘肃、宁夏、新疆等地　适生区域/6～9　株高/2米　花期/4～5月

【叶部特征】树皮黄色，枝黄绿色或灰黄色，幼枝密被灰白色平伏绢毛，叶两面密被银灰色毡毛。**【生长习性】**抗旱，抗热，耐寒，耐盐，耐贫瘠，保水性强。**【园林应用】**我国重点保护的第一批珍稀濒危物种及良好的固沙植物，可作铁路、公路和高速公路建设通过荒漠、半荒漠原地带的护路树种和隔离带树种，也可作为城市绿化树种或绿篱。

1

2
3

1 金边枸骨冬青
Ilex aquifolium 'Aurea Marginata'

别名/金边英国冬青、金边圣诞树　科属/冬青科冬青属　类型/常绿灌木或小乔木　原产地/原种原产西欧及南欧等地　适生区域/7～9区　株高/2～3米　花期/5月

【叶部特征】叶硬革质，叶面深绿色，叶缘黄色，黄色带狭窄，有光泽，长椭圆形至披针形，叶缘上端有小规则锯齿，叶尖，基部平截。**【生长习性】**喜温暖、湿润和阳光充足环境，喜肥沃、排水良好的酸性土壤。较耐寒，耐旱，养护容易、病虫害较少且抗尾气能力强。**【园林应用】**观叶、观果兼优的观赏树种，抗污染能力较强，是厂矿区优良的观叶灌木，也是建筑物前、风景区花坛和道路两侧的优质装饰材料，在欧洲常用于插花装饰。

2 皱黄斑地中海冬青
Ilex aquifolium 'Crispa Aurea Picta'

别名/皱黄斑欧洲冬青　科属/冬青科冬青属　类型/常绿灌木或小乔木　原产地/原种原产中欧及南欧　适生区域/6～9区　株高/3～6米　花期/5月

【叶部特征】叶硬革质，叶面皱，叶缘上端有小规则锯齿，叶尖，基部平截，叶具不规则黄色斑块。**【生长习性】**同金边枸骨冬青。**【园林应用】**同金边枸骨冬青。

3 金边刺叶冬青
Ilex bioritsensis 'Variegata'

别名/斑叶冬青　科属/冬青科冬青属　类型/常绿灌木或小乔木　原产地/台湾、湖北、四川、贵州等地　适生区域/6～10区　株高/6米　花期/4～5月

【叶部特征】叶卵形或菱形，先端具刺，渐尖，基部圆或平截，边缘具3～4对硬刺齿，波状，边缘乳白色。**【生长习性】**同金边枸骨冬青。**【园林应用】**同金边枸骨冬青。

1
1
2
3

1 金边无刺枸骨
Ilex cornuta ‘Aureo Marginata’

科属/冬青科冬青属　类型/常绿灌木或小乔木　原产地/原种原产中国和韩国　适生区域/6～10区　株高/4.5～12米　花期/5月

【叶部特征】叶二型，四角状长圆形，先端宽三角形，有硬刺齿；或长圆形、卵形及倒卵状长圆形，全缘，先端具尖硬刺，反曲，基部圆或平截，具1～3对刺齿；叶暗绿色，边缘乳黄色。**【生长习性】**同金边枸骨冬青。**【园林应用】**同金边枸骨冬青。

2 金宝石齿叶冬青
Ilex crenata ‘Golden Gem’

别名/金宝石日本冬青、金叶龟甲冬青、金叶钝齿冬青
科属/冬青科冬青属　类型/常绿灌木或小乔木　原产地/原种原产中国和韩国　适生区域/6～10区　株高/45～60厘米　花期/5～8月

【叶部特征】叶倒卵形或椭圆形，稀卵形，具齿，下面密被褐色腺点；老叶浓绿色具光泽，新叶黄色。**【生长习性】**同金边枸骨冬青。**【园林应用】**同金边枸骨冬青。

3 斑叶钝齿冬青
Ilex crenata ‘Variegata’

别名/花叶波缘冬青　科属/冬青科冬青属　类型/常绿灌木或小乔木　原产地/原种原产中国和韩国　适生区域/6～10区　株高/3～4.5米　花期/5月

【叶部特征】叶倒卵形或椭圆形，稀卵形，具齿，下面密被褐色腺点；叶有黄色斑纹，同株叶片有纯黄、纯绿间杂着生。**【生长习性】**同金边枸骨冬青。**【园林应用】**同金边枸骨冬青。

1
2
3
3

1 火焰卫矛

Euonymus alatus 'Compactus'

别名/密实卫矛　科属/卫矛科卫矛属　类型/常绿灌木　原产地/原种原产亚洲东北部至中国中部及日本　适生区域/3～9区　株高/1.5～3米　花期/5～6月

【叶部特征】叶椭圆形至卵圆形，对生，边缘具细锯齿，两面光滑，叶片夏季深绿色，秋季变为火焰红色。**【生长习性】**喜光，养护管理较容易，易移栽，适应性强，耐寒。**【园林应用】**一种极好的绿篱、群植、观赏、镶边植物，用途极广。

2 金心大叶黄杨

Euonymus japonicus 'Aureopictus'

别名/金心冬青卫矛、金心正木　科属/卫矛科卫矛属　类型/常绿灌木或小乔木　原产地/原种原产日本、中国和韩国　适生区域/7～10区　株高/1～2米　花期/3～4月

【叶部特征】叶薄革质，阔椭圆形或阔卵形，侧脉明显凸出，先端圆，常有小凹口，基部圆，稀急尖，边缘向下强卷曲，叶心部黄色，有时叶柄及枝端叶也为金黄色。**【生长习性】**喜湿润，喜肥，不需特殊管理，按绿化需要修剪成型的绿篱或单株，每年春、夏各进行一次剪修。**【园林应用】**常用作绿篱及背景种植材料，也可丛植草地边缘或列植于园路两旁，若加以修饰成型，更适合用于规划式对称配植。

3 金叶冬青卫矛

Euonymus japonicus 'Microphyllus Butterscotch'

别名/小叶奶油糖果　科属/卫矛科卫矛属　类型/常绿灌木或小乔木　原产地/原种原产日本、中国和韩国　适生区域/7～10区　株高/60～90厘米　花期/罕见

【叶部特征】叶小，新叶亮黄色，老叶黄绿色。**【生长习性】**喜光，可部分遮阴，耐修剪。**【园林应用】**株型小而紧凑，生长较慢，非常适合小空间绿化。

1
1

2

1 银边大叶黄杨
Euonymus japonicus ‘Albomarginatus’

别名/银边正木、银边冬青卫矛　科属/卫矛科卫矛属　类型/常绿灌木或小乔木　原产地/原种原产日本、中国和韩国　适生区域/7～10区　株高/0.6～2米　花期/3～4月

【叶部特征】叶革质，有光泽，倒卵形或椭圆形，先端圆阔或急尖，基部楔形，边缘具有浅细钝齿，边缘银白色。**【生长习性】**喜光，稍耐阴，适应性强，耐旱，喜温暖，耐寒冷，萌芽力和发枝力强，耐修剪，耐瘠薄，喜肥沃、湿润的微酸性土壤。**【园林应用】**为庭园中常见的绿篱树种，可经整形环植门口或道路两边，也可在花坛中心栽植。

2 金边大叶黄杨
Euonymus japonicus f. *aureomarginatus*

别名/金边冬青卫矛、金边正木　科属/卫矛科卫矛属　类型/常绿灌木或小乔木　原产地/原种原产日本、中国和韩国　适生区域/7～10区　株高/3～5米　花期/3～4月

【叶部特征】叶革质，有光泽，倒卵形或椭圆形；叶柄长约1厘米；叶缘具黄色不规则斑纹。**【生长习性】**抗病性比银边大叶黄杨好，其余同银边大叶黄杨。**【园林应用】**可作绿篱、模纹花坛、灌球以及各种图案造型；具有非常好的抗污染性，可以有效对抗二氧化硫，是严重污染工矿区首选的常绿植物。

1
2
3

1 黄金甲北海道黄杨
Euonymus japonicus 'Huangjinjia'

别名/彩叶北海道黄杨、金边北海道黄杨　科属/卫矛科卫矛属　类型/常绿灌木或小乔木　原产地/原种原产日本、中国和韩国　适生区域/7 ～ 10区　株高/8米　花期/3 ～ 4月

【叶部特征】叶革质，有光泽，叶脉明显，近叶缘黄色，叶心部绿色。**【生长习性】**直立性强，耐受温度范围广（−52.5 ～ −25℃），耐盐碱，耐重金属，耐干旱，耐轻度水湿，喜光，耐阴。根系发达，耐移栽。适合于我国北方冬季寒冷、干旱的地区栽植。**【园林应用】**冬季满树红果，可作绿篱、色块或修剪造型使用。可替代金叶女贞，和其他灌木品种拼接种植；可片植或丛植，可作道路隔离带、景观遮挡墙使用；作为行道树或孤植点缀效果也很好。

2 玛丽克大叶黄杨
Euonymus japonicus 'Marieke'

别名/梅芍凯黄杨　科属/卫矛科卫矛属　类型/常绿灌木或小乔木　原产地/原种原产日本、中国和韩国　适生区域/7 ～ 10区　株高/2.5 ～ 4米　花期/3 ～ 4月

【叶部特征】叶革质，有光泽，倒卵形或椭圆形，叶面具黄色斑块。**【生长习性】**耐寒（−9 ～ −6℃），喜半阴，耐旱，耐受各种土壤。**【园林应用】**适合沿海地区，可作城市绿篱、色块使用，也可作盆栽。

3 银姬大叶黄杨
Euonymus japonicus 'Microphyllus Variegatus'

别名/银姬冬青卫矛　科属/卫矛科卫矛属　类型/常绿灌木　原产地/原种原产日本、中国和韩国　适生区域/7 ～ 10区　株高/30 ～ 60厘米　花期/3 ～ 4月

【叶部特征】叶革质，有光泽，倒卵形或椭圆形，叶边缘银白色，心部绿色。**【生长习性】**全光照或部分光照均可。**【园林应用】**适合沿海地区栽植，因植株较为矮小，非常适合用于低边界或绿篱，也可作盆栽。

1
2
3

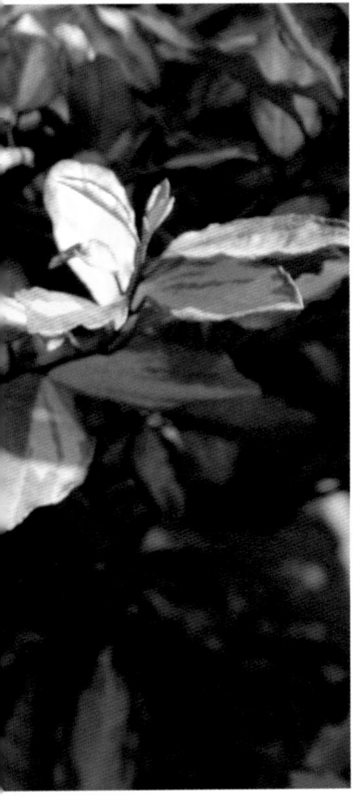

胡颓子科

1 金心胡颓子
Elaeagnus pungens 'Frederici'

别名/金心麦婆拉、金心牛奶子 科属/胡颓子科胡颓子属 类型/常绿直立灌木 原产地/原种原产中国、日本 株高/3米 花期/6～8月 适生区域/6～9区

【叶部特征】单叶互生，叶革质，椭圆形至矩圆形，叶中部黄色。**【生长习性】**喜湿润和光照，也耐阴，喜肥沃、排水良好的土壤，耐寒又耐干旱。**【园林应用】**生长缓慢可制作盆景，也可室外配植庭园，是沿海防护林营造及低山裸岩绿化的优良树种，也可作绿篱。

2 金边胡颓子
Elaeagnus pungens 'Aurea'

别名/金边麦婆拉、金边牛奶子 科属/胡颓子科胡颓子属 类型/常绿直立灌木 原产地/原种原产我国和日本 株高/1～2米 花期/9～11月 适生区域/6～9区

【叶部特征】单叶互生，叶革质，椭圆形至矩圆形，叶缘金黄色，背面有银白色及褐色鳞片。**【生长习性】**同金心胡颓子。**【园林应用】**同金心胡颓子。

3 爱利岛速生胡颓子
Elaeagnus × *submacrophylla* 'Eleador'

别名/埃利多兰诺大叶胡颓子 科属/胡颓子科胡颓子属 类型/常绿直立灌木 原产地/原种原产中国、日本 适生区域/6～9区 株高/2.5～4米 花期/9～11月

【叶部特征】叶厚纸质或薄革质，卵形至宽卵形或阔椭圆形至近圆形，长4～9厘米，宽4～6厘米，顶端钝形或钝尖。叶具黄色斑块。**【生长习性】**同金心胡颓子。**【园林应用】**同金心胡颓子。

1
1

2
2

1 洒金桃叶珊瑚
Aucuba chinensis ‘Variegata’

别名/花叶青木 科属/山茱萸科桃叶珊瑚属 类型/常绿灌木 原产地/原种原产中国、越南、日本 适生区域/6～9区 株高/1.5米 花期/3～4月

【叶部特征】叶革质，有光泽，叶片卵状椭圆形或长圆状椭圆形，叶柄腹部具沟，叶面散生大小不等的黄绿色斑块。**【生长习性】**喜光，耐阴，生长适温15～25℃，耐高温，也耐低温，喜排水良好土壤。**【园林应用】**栽种在花坛边缘作为点缀，也可作室内观叶盆栽。常与红叶小檗、黑松、雪松、小叶黄杨等配合使用。可用于公园、公路、花坛双边绿化等。

2 白斑八角金盘
Fatsia japonica ‘Variegata’

别名/花叶八角金盘 科属/五加科八角金盘属 类型/常绿灌木或小乔木 原产地/原种原产中国和日本 适生区域/8～11区 株高/1.8～2.4米 花期/10～11月

【叶部特征】叶革质，叶掌状分裂，具光泽，暗绿色，具白色斑块。**【生长习性】**耐阴，不耐干旱，适合种植在土壤湿润，气候阴凉的环境。**【园林应用】**还可以栽种在庭园或者房屋的背阴处，或作室内花坛的衬底；叶片又是插花的良好配材。也可点缀于溪旁、池畔或群植林下、草地边。

1
2
3

1 银边圆叶南洋参
Polyscias balfouriana 'Marginata'

别名/白雪福禄桐、镶边圆叶南洋参　科属/五加科常春藤属　类型/常绿灌木　原产地/原种原产美洲波多黎各　适生区域/10 ～ 11区　株高/2 ～ 4.5米　花期/罕见

【叶部特征】一回羽状复叶，小叶3 ～ 4对，椭圆形或长椭圆形，基部宽楔形到渐狭，叶边缘具微刺，锯齿状，叶缘附近常有白斑。**【生长习性】**喜欢温暖、湿润、阳光充足的环境，半阴环境下正常生长，不耐寒，怕干旱。夏季需要注意避免阳光直射。**【园林应用】**我国常用作盆栽观赏，国外常栽植于公园、花园，还可作绿篱。

2 羽叶南洋参
Polyscias fruticosa

别名/羽叶福禄桐　科属/五加科常春藤属　类型/常绿灌木　原产地/波利尼西亚　适生区域/11 ～ 12区　株高/2 ～ 8米　花期/几乎全年

【叶部特征】奇数羽状复叶，中肋明显，叶羽状深裂，裂片条形，锯齿状叶缘，叶缘白色；小叶3 ～ 4对，狭长披针形，新叶粉黄绿色，后转深绿。**【生长习性】**同银边圆叶南洋参。**【园林应用】**同银边圆叶南洋参。

3 银边南洋参
Polyscias guilfoylei var. *laciniata*

别名/银边福禄桐　科属/五加科常春藤属　类型/常绿灌木　原产地/原种原产大洋洲群岛及热带美洲　适生区域/11 ～ 12区　株高/7.5米　花期/几乎全年

【叶部特征】植株多分枝，枝条柔软，3小叶羽状复叶或单叶，叶片较小，直径5 ～ 8厘米，宽卵形或近圆形，基部心形，边缘有细锯齿，叶缘镶有不规则的乳白色斑。**【生长习性】**同银边圆叶南洋参。**【园林应用】**同银边圆叶南洋参。

1 彩虹大叶木藜芦
Leucothoe fontanesiana 'Rainbow'

别名/花叶木黎芦、垂枝木藜芦、花叶长叶木藜芦　科属/杜鹃花科木藜芦属　类型/常绿灌木　原产地/原种原产美国东南部　适生区域/5～10区　株高/0.9～1.8米　花期/5月

【叶部特征】枝拱形，红色丛生状，单叶互生，叶先端尖，叶表面有光泽，叶长10～12厘米，宽2～4厘米，倒卵形，革质。嫩叶浅黄，粉红至红色，有色斑。**【生长习性】**阳性树种，喜凉爽气候，-17℃下可安全越冬，抗热性较差，夏季高温烈日，叶片易灼伤，不耐干旱和水涝，喜湿润、腐殖质丰富、排水良好的酸性和微酸性土壤。**【园林应用】**叶色丰富，花似铃兰，观赏价值高，在园林中可孤植、列植、丛植，也可作盆栽。

2 美丽马醉木
Pieris formosa

别名/兴山马醉木　科属/杜鹃花科马醉木属　类型/常绿灌木至小乔木　原产地/喜马拉雅山区　适生区域/6～10区　株高/2～4米　花期/5～6月

【叶部特征】叶革质，披针形至长圆形，稀倒披针形，边缘具细锯齿，表面深绿色，背面淡绿色，中脉显著，幼时在表面微被柔毛，老时脱落，侧脉在表面下陷，在背面不明显。幼叶鲜红色，后变绿色。**【生长习性】**喜温暖、湿润和半阴环境，较耐寒，怕高温和强光暴晒，喜排水良好、肥沃的酸性沙壤土。**【园林应用】**可作切花、盆景、绿篱和庭园露地栽培。

1
2

3

1 银边三色杜鹃
Rhododendron japonicum 'Silver Sword'

别名/银剑日本杜鹃　科属/杜鹃花科杜鹃花属　类型/常绿矮生灌木
原产地/原种原产日本　适生区域/5～8区　株高/1米　花期/3～5月

【叶部特征】叶长矛状至狭长椭圆形，暗绿色，叶缘银白色，秋叶微红色。**【生长习性】**喜凉爽和阳光充足的环境，耐寒，稍耐阴，喜富含腐殖质、排水良好的酸性土壤。**【园林应用】**可作绿篱，还能修剪成型，在长江以北地区的发展应用前景广阔。

2 星苹果
Chrysophyllum cainito

别名/藏红金叶树、牛奶果、金星果　科属/杜鹃花科杜鹃花属
类型/常绿矮生灌木　原产地/加勒比地区　适生区域/11～12区
株高/20米　花期/8月

【叶部特征】叶散生，坚纸质，长圆形、卵形至倒卵形，先端钝或渐尖，有时微缺，基部阔楔形，有时下延，幼时两面被锈色绢毛，老时上面变无毛。**【生长习性】**适合生长在平均温度21℃、相对湿度80%、年降水量1 200毫米以上的地区，要求土壤深厚肥沃、微酸性或中性且排水良好。**【园林应用】**可作景区、公园、行道、庭园的绿化树种。

3 花叶人心果
Manilkara zapota 'Variegata'

别名/斑叶人心果、花叶糖胶树　科属/山榄科铁线子属　类型/常绿矮生灌木　原产地/原种原产日本　适生区域/5～8区　株高/　花期/4～9月

【叶部特征】叶互生，密聚枝顶，革质，长圆形或卵状椭圆形，全缘或微波状，网脉细密，叶浓绿色，具黄绿色斑块。**【生长习性】**喜光，喜高温、多湿环境，不耐寒，生长适温22～30℃，冬季能耐2～3℃低温，以肥沃深厚的沙质或黏壤土为宜。**【园林应用】**生长缓慢，适合南方小庭园栽植；也可盆栽观赏。

木樨科

1 金森女贞
Ligustrum japonicum ‘Howardii’

别名/哈娃蒂女贞、金花带女贞　科属/木樨科女贞属　类型/常绿灌木　原产地/原种原产日本及中国台湾　适生区域/5～10区　株高/1.2米　花期/6～7月

【叶部特征】叶对生，单叶卵形，革质，春季新叶鲜黄色，夏季部分叶绿色，秋季至冬季转为黄色。**【生长习性】**喜光，稍耐阴，耐旱，耐寒，耐热性强，对土壤要求不严，生长迅速。**【园林应用】**可作道路、建筑或屋顶绿化的基础栽植，软化硬质景观；可应用于草坪、花坛和广场，与其他彩叶植物配植，修剪整形成各种模纹图案，非常适合与红叶石楠搭配。

2 银霜女贞
Ligustrum japonicum ‘Jack Frost’

科属/木樨科女贞属　类型/常绿灌木　原产地/原种原产日本及中国台湾　适生区域/5～10区　株高/2～3米　花期/5～6月

【叶部特征】叶对生，倒卵圆形，革质，嫩叶绿，春季叶边缘黄色，夏季叶边缘呈黄色或白色。**【生长习性】**同金森女贞。**【园林应用】**同金森女贞。

3 金边大叶女贞
Ligustrum lucidum ‘Excelsum Superbum’

别名/花叶大叶女贞、辉煌大叶女贞、高森女贞　科属/木樨科女贞属　类型/常绿灌木　原产地/原种原产中国　适生区域/8～10区　株高/3～5米　花期/7月

【叶部特征】叶卵形，有光泽，亮绿色，具浅绿色斑点，叶具黄色宽边。**【生长习性】**喜光，耐半阴，耐修剪，耐水湿，耐干旱，具有一定的抗寒，在中性至偏碱性土壤条件下生长良好。**【园林应用】**可修剪成球形、柱形等不同造型，也可用于滨水的绿化，冬季可保持优良彩叶观赏效果。

木樨科

1 金姬小蜡

Ligustrum sinense 'Ovalifolia'

别名/金边小蜡、金姬水蜡、亮丽女贞　科属/木樨科女贞属　类型/常绿灌木　原产地/原种原产中国　适生区域/6～9区　株高/1～2米　花期/3～6月

【叶部特征】单叶对生，叶小，纸质，卵圆形至椭圆形，叶尖微凹，叶背无毛，叶缘波状，中脉下凹，背面凸起，侧脉不明显。新叶边缘黄色，成熟叶中肋具不规则绿色斑块，其余呈黄色。**【生长习性】**喜温暖、湿润气候和深厚肥沃土壤，耐瘠薄，较耐寒。**【园林应用】**可修剪成地被色块、绿篱或球形灌丛，也可以蓄养成小乔木。

2 银姬小蜡

Ligustrum sinense 'Variegatum'

别名/银边细叶小蜡、斑叶小蜡、花叶山指甲　科属/木樨科女贞属　类型/常绿灌木　原产地/原种原产日本　适生区域/6～9区　株高/3～4.5米　花期/4～6月

【叶部特征】单叶对生，叶小，厚纸质或者薄革质，呈椭圆形或者卵形，叶缘乳白色。**【生长习性】**同金姬小蜡。**【园林应用】**同金姬小蜡。

1
2
3

木樨科

1 虔南桂妃桂花
Osmanthus fragrans 'Qiannan Guifei'

别名/珍珠彩桂、五彩桂、中华锦桂　科属/木樨科木樨属　类型/常绿灌木或小乔木　原产地/原种原产中国和日本　适生区域/7 ~ 11区　株高/3 ~ 5米　花期/9 ~ 10月

【叶部特征】 叶对生，椭圆状披针形，前端渐尖，基部楔形，革质，叶缘具小锯齿。叶呈粉红色，后变为桃红色，再变为白色，老叶则呈黄红色、绿色。**【生长习性】** 喜光，怕涝，喜温暖、湿润气候和疏松肥沃的微酸性土壤，能耐 -14℃低温。**【园林应用】** 可作园林绿化色块、行道树、庭园树，还可作花篱、花墙、花境、桂花球、观赏盆景。

2 银碧双辉桂花
Osmanthus fragrans 'Yinbi Shuanghui'

科属/木樨科木樨属　类型/常绿灌木或小乔木　原产地/原种原产中国和日本　适生区域/7 ~ 11区　株高/3 ~ 5米　花期/8月中旬至翌年5月中旬

【叶部特征】 叶对生，椭圆状披针形，革质，叶缘具小锯齿。嫩叶柄紫红色，新梢紫红色；嫩叶边缘粉红色，中间深紫色，成熟叶边缘黄白色，中间绿色。每年4 ~ 10月，植株上部嫩叶呈深浅不同的红色，下部叶片为黄色间绿色。**【生长习性】** 同虔南桂妃桂花。**【园林应用】** 同虔南桂妃桂花。

3 云田彩桂
Osmanthus fragrans 'Yuntian'

科属/木樨科木樨属　类型/常绿灌木或小乔木　原产地/原种原产中国和日本　适生区域/7 ~ 11区　株高/3 ~ 5米　花期/9 ~ 10月

【叶部特征】 叶对生，椭圆状披针形，革质，叶缘具小锯齿。叶柄黄绿色，新梢紫红色，嫩叶边缘紫红色，随着生长而变化，叶片中间渐变成浅黄色与淡绿相间的色彩。**【生长习性】** 同虔南桂妃桂花。**【园林应用】** 同虔南桂妃桂花。

1

2

1 三色柊树

Osmanthus heterophyllus 'Tricolor'

别名/三色刺桂　科属/木樨科木樨属　类型/常绿灌木或小乔木　原产地/原种原产中国和日本　适生区域/7～9区　株高/0.5～1.3米　花期/罕见

【叶部特征】叶对生，厚革质，全缘或叶缘具有大齿刺。新叶粉紫至古铜色，成叶具乳黄、乳白或淡粉色条纹或斑块。**【生长习性】**喜光，较耐阴，喜温暖，较耐寒（–23℃）。喜中等肥沃、湿润且排水良好的中性至微酸土壤，忌积水。**【园林应用】**作地皮色块应用效果极佳，可作树篱、灌丛边缘植物。

2 斑叶柊树

Osmanthus heterophyllus 'Variegatus'

别名/银斑佟树　科属/木樨科木樨属　类型/常绿灌木或小乔木　原产地/原种原产中国和日本　适生区域/7～9区　株高/2.5～3米　花期/9月

【叶部特征】叶对生，厚革质，全缘或叶缘具有大齿刺。叶缘乳白色，至中肋处叶色变浅。**【生长习性】**同三色柊树。**【园林应用】**同三色柊树。

1
2
1
2

1 沙漠玫瑰
Adenium multiflorum

别名/天宝花　科属/夹竹桃科天宝花属　类型/多年生肉质灌木或小乔木　原产地/非洲东部　适生区域/10 ～ 12区　株高/4.5米　花期/5 ～ 12月

【叶部特征】单叶互生，集生枝端，倒卵形至椭圆形，全缘，先端钝而具短尖，肉质，近无柄。叶脊灰绿色。**【生长习性】**喜高温、干旱和阳光充足的环境，喜富含钙质的、疏松透气且排水良好的沙壤土，不耐荫蔽，忌涝，忌浓肥和生肥，畏寒冷，生长适温25 ～ 30℃。**【园林应用】**南方地栽布置小庭园，也可作盆栽。

2 金边夹竹桃
Nerium oleander ‘Variegatum’

别名/镶边夹竹桃、花叶夹竹桃、斑叶夹竹桃　科属/夹竹桃科夹竹桃属　类型/常绿大灌木　原产地/原种原产亚洲西部至中国　适生区域/9 ～ 11区　株高/4 ～ 5米　花期/6 ～ 10月

【叶部特征】叶3 ～ 4枚轮生，下枝为对生，窄披针形，顶端急尖，基部楔形，叶缘反卷，革质，较原种叶片略薄，幼时被疏微毛，老时毛渐脱落；中脉在叶面陷入，在叶背凸起；叶面深绿，叶背浅绿，叶缘有黄色斑纹。**【生长习性】**喜温暖、湿润气候，不耐水湿，喜干燥和排水良好的土壤，喜光，喜肥，也能适应较阴的环境。**【园林应用】**可栽植于建筑物四周，是林缘、墙边、河旁及工厂绿化的良好观赏树种。

1
2

1

2

1 长隔木

Hamelia patens

别名/希茉莉、醉娇花、茜茉莉　科属/茜草科长隔木属　原产地/拉丁美洲　类型/常绿灌木　适生区域/10 ~ 12区　株高/2 ~ 4米　花期/5 ~ 10月

【叶部特征】叶通常3枚轮生，椭圆状卵形至长圆形，叶带有紫晕，秋叶红色。**【生长习性】**喜高温、高湿和阳光充足的环境，不耐寒，耐炎热，耐修剪。**【园林应用】**适合墙边、路边、池边、坡地绿化，也可用于花坛、岩石园等栽培观赏。

2 红纸扇

Mussaenda erythrophylla

别名/红叶金花、血萼花　科属/茜草科玉叶金花属　原产地/西非　类型/常绿灌木　适生区域/9 ~ 12区　株高/1.5 ~ 2米　花期/6 ~ 11月

【叶部特征】叶宽卵圆形，亮绿色，中脉及例脉密生红茸毛，萼片扩大成叶状，深红色，卵圆形。**【生长习性】**喜高温、多湿和阳光充足环境，怕涝，生长适温20 ~ 30℃，越冬温度最好在15℃以上。**【园林应用】**适合配植于建筑附近、路旁、林边、草坪周围或小庭园内，孤植、丛植、列植均宜，也可作花篱。

3 银边六月雪

Serissa japonica 'Variegata'

别名/银边满天星　科属/茜草科白马骨属　原产地/原种原产东南亚　类型/常绿灌木　适生区域/9 ~ 11区　株高/0.6 ~ 1.2米　花期/4 ~ 9月

【叶部特征】叶革质，卵形或倒披针形，先端短尖或长尖，全缘，无毛，叶柄短，灰黄色斑彩分布于叶片周围。**【生长习性】**适应性强，耐阴，生长速度快，萌芽力强，极耐修剪。**【园林应用】**可作盆景，也可在围墙等建筑旁作垂直绿化。

4 金边六月雪

Serissa japonica 'Aureo-marginata'

别名/金边满天星　科属/茜草科白马骨属　原产地/原种原产中国、日本、越南　类型/常绿灌木　适生区域/9 ~ 11区　株高/不足1米　花期/6 ~ 8月

【叶部特征】叶革质，卵形或倒披针形，先端短尖或长尖，全缘，无毛；叶柄短，灰黄色斑彩分布于叶缘。**【生长习性】**同银边六月雪。**【园林应用】**同银边六月雪。

1 金叶大花六道木

Abelia × grandiflora 'Francis Mason'

别名/法兰西马松大花六道木　科属/忍冬科六道木属　原产地/引自法国　类型/常绿直立灌木　适生区域/7 ～ 10区　株高/1.5米　花期/6 ～ 11月

【叶部特征】叶小，长卵形，边缘具疏浅齿。叶色随季节变化，春季黄色，此后略带绿色，秋季霜后偏橙黄色，叶背呈灰绿色，冬季转为红色或橙色。**【生长习性】**喜光，耐热，能耐－10℃的低温，对土壤的适应性较强。发枝力强，耐修剪，生长期和早春需加强修剪。**【园林应用】**在园林绿化中可作花篱或丛植于草坪，也可作林下木等。

2 美叶草海桐

Scaevola taccada 'Calophllum'

科属/草海桐科草海桐属　原产地/欧亚大陆温带及寒温带地区　类型/常绿肉质灌木　适生区域/10 ～ 12区　株高/4米　花期/6 ～ 10月

【叶部特征】叶螺旋状排列，大部分集中于分枝顶端，无柄或具短柄，匙形至倒卵形，基部楔形，顶端圆钝，平截或微凹，全缘，或边缘波状，无毛或背面有疏柔毛，稍肉质，叶缘具淡黄色斑彩。**【生长习性】**喜高温、潮湿和阳光充足的环境，耐盐，抗风，耐旱，耐寒，不耐阴，抗污染及病虫危害能力强，生长速度快。**【园林应用】**适合用于热带海岛绿化。

3 红花玉芙蓉

Leucophyllum frutescens

别名/紫花玉芙蓉　科属/玄参科玉芙蓉属　原产地/中美洲至北美洲　类型/常绿小灌木　株高/0.3 ～ 1.5米　花期/6 ～ 10月

【叶部特征】叶互生，椭圆形或倒卵形，质厚，全缘，微卷曲。叶片及叶柄密被白色茸毛，看起来像银色叶，叶面蓝绿色。**【生长习性】**喜高温、湿润、向阳之地，生长适温23 ～ 32℃，生性强健，耐热，耐旱，不耐阴。**【园林应用】**观叶观花兼用，花枝可用于切花或瓶插；适合植于池边、水岸及路边；也是庭园绿化栽培的优良品种；也适合盆栽观赏。

1
2
3

1 银脉单药花

Aphelandra squarrosa 'Louisae'

别名/鲁依赛斑马热美爵床、丹尼亚单药花　科属/爵床科单药花属　原产地/原种原产巴西　类型/常绿小灌木　适生区域/11～12区　株高/30～100厘米　花期/11～12月

【叶部特征】单叶对生，卵形至卵状椭圆形，先端尖，叶缘有钝锯齿，叶色浓绿，具光泽，中脉和侧脉银白色。**【生长习性】**喜温暖、湿润气候，忌炎热和严寒，生长适温20～30℃，高于35℃或低于6℃都会引起叶片损伤，喜肥沃、疏松土壤，怕积水。**【园林应用】**适合公园、风景区或庭园等的路边、花坛等栽培观赏，宜作中、小型盆栽。

2 波斯红草

Perilepta dyeriana

别名/红背耳叶马蓝、红背爵床　科属/爵床科耳叶马蓝属　原产地/马来西亚、缅甸　类型/半常绿灌木　适生区域/8～11区　株高/90厘米　花期/11月至翌年1月

【叶部特征】叶对生，椭圆状披针形，叶缘有细锯齿，叶面布紫色斑彩，叶背紫红色。**【生长习性】**适合富含有机质的腐叶土，较耐阴，忌强烈日光直射。生长适温16℃以上，越冬需保持5℃以上。**【园林应用】**常作盆栽，是良好的边境植物，尤其适合与柔软的灰绿色或黄绿色植物搭配。

3 紫叶拟美花

Pseuderanthemum carruthersii

别名/紫通木　科属/爵床科山壳骨属　原产地/波斯尼西亚南部　类型/常绿灌木或亚灌木　适生区域/10～11区　株高/0.5～2米　花期/3～11月

【叶部特征】叶对生，椭圆形大型，有绿色叶，具有白色斑块和白边者，有紫色叶者，有黑紫色叶者。**【生长习性】**全日照或半日照均可良好生长，稍耐阴，适合肥沃的沙壤土，生长适温20～30℃。**【园林应用】**以观叶为主，也可观花，叶色优美，最适合庭园列植、丛植美化，还可用于花坛、花境，可作绿篱或用于庭园布置，也可作室内植物。

1
2

3

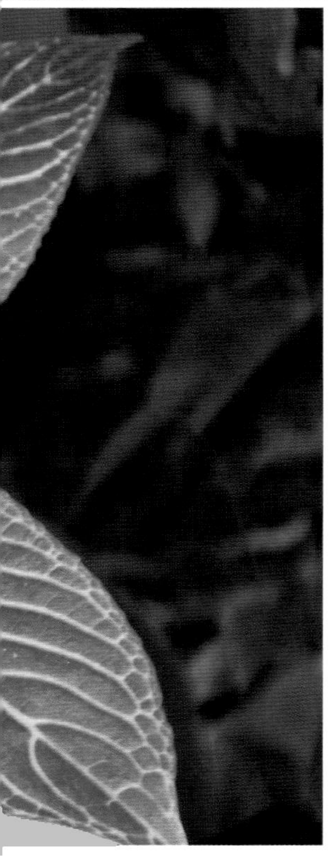

1 金叶拟美花
Pseuderanthemum carruthersii 'Ovarifolium'

别名/卵叶金叶拟美花　科属/爵床科山壳骨属　原产地/原种原产波斯尼西亚南部　类型/常绿灌木或亚灌木　适生区域/10 ~ 11区　株高/0.5 ~ 2米　花期/3 ~ 11月

【叶部特征】叶对生，椭圆形，叶缘具不规则缺刻，叶面有奶黄色、黄色、黄绿色和绿色的色调，绿脉。**【生长习性】**同紫叶拟美花。**【园林应用】**同紫叶拟美花。

2 花叶拟美花
Pseuderanthemum carruthersii 'Variegatum'

别名/白边拟美花、银边拟美花　科属/爵床科山壳骨属　原产地/原种原产波斯尼西亚南部　类型/常绿灌木或亚灌木　适生区域/10 ~ 11区　株高/0.5 ~ 2米　花期/3 ~ 11月

【叶部特征】叶对生，椭圆形，叶缘具不规则缺刻，叶具白斑。**【生长习性】**同紫叶拟美花。**【园林应用】**同紫叶拟美花。

3 金脉爵床
Sanchezia nobilis

别名/黄脉爵床、金鸡蜡、金脉木、明脉爵床　科属/爵床科黄脉爵床属　原产地/厄瓜多尔　类型/常绿灌木　适生区域/10 ~ 12区　株高/1.8 ~ 3.6米　花期/条件适宜，可全年开放

【叶部特征】茎鲜红色。叶对生，长圆形或倒卵形，先端渐尖或尾尖，基部楔形或宽楔形，边缘有波状圆齿，叶脉粗壮呈黄色，并具红色纵纹，呈现脉纹叶面。**【生长习性】**喜高温、多湿环境，生长适温20 ~ 30℃，越冬温度在10℃以上，忌日光直射，喜排水良好的沙壤土。**【园林应用】**适于丛植在围墙、景石、游廊周边。

1
2
3
4

1 烟火树

Clerodendrum quadriloculare

别名/星烁山茉莉、烟火木　科属/唇形科大青属　原产地/菲律宾及太平洋岛屿　类型/常绿灌木　适生区域/9～10区　株高/4米　花期/11月至翌年5月

【叶部特征】叶对生，长椭圆形，表面深绿色，背面暗紫红色。**【生长习性】**喜高温、湿润、向阳至荫蔽环境，生长适温20～30℃，性强健，耐热，耐旱，耐瘠，耐阴。**【园林应用】**适合孤植或丛植于公园、城市绿地等空旷地，也可用于花境。

2 花叶海州常山

Clerodendrum trichotomum 'Variegatum'

别名/花叶臭桐、花叶八角梧桐　科属/唇形科大青属　原产地/原种原产中国　类型/常绿灌木或小乔木　适生区域/6～10区　株高/10米　花期/6～11月

【叶部特征】叶纸质，卵形、卵状椭圆形或三角状卵形，顶端渐尖，叶具不规则黄色斑块。**【生长习性】**喜光，稍耐阴，喜湿润，耐旱，稍耐寒，对土壤要求不严，耐瘠薄，不耐积水，较耐盐碱性。**【园林应用】**为良好的观花、观果、观叶植物，可配植于庭园、山坡、溪边、堤岸、悬崖、石隙及林下。

3 迷迭香

Rosmarinus officinalis

别名/油安草　科属/唇形科迷迭香属　原产地/欧洲及北非地中海沿岸　类型/常绿灌木　适生区域/8～10区　株高/2米　花期/11～4月

【叶部特征】幼枝密被白色星状微茸毛。叶簇生，线形，具极短的柄或无柄，全缘，叶面稍具光泽，近无毛，叶脊密被白色的星状茸毛。**【生长习性】**喜光，适应性强，冬季温度不低于10℃，夏季高温时稍加遮阴，喜排水良好土壤。**【园林应用】**常作盆栽，用于花境、花坛、绿地，可丛植、片植或作为配材镶边，也可用作小绿篱。

4 水果蓝

Teucrium fruticans

别名/毛草石蚕　科属/唇形科香科科属　原产地/高加索地区至伊朗　类型/常绿灌木　适生区域/8～10区　株高/1.0～1.8米　花期/4～6月

【叶部特征】茎直立，四棱形，密被有灰白色丝状绵毛。叶长圆状椭圆形，边缘具小圆齿，质厚，两面均密被灰白色丝状绵毛。**【生长习性】**喜光，耐寒，耐干旱、贫瘠，对土壤要求不严，以排水良好的沙壤土为宜。**【园林应用】**可用于花境、岩石园、庭园观赏。适合作深绿色植物的前景，也适合作草本花卉的背景。

1 金边假连翘
Duranta repens 'Marginata'

别名/黄边金露花、黄边假连翘 科属/马鞭草科假连翘属 原产地/原种原产热带美洲 类型/常绿灌木 适生区域/8～11区 株高/20～60厘米 花期/5～10月

【叶部特征】叶对生，长椭圆形或阔披针形，先端渐尖，边缘具粗锯齿，叶缘金黄色。**【生长习性】**喜温暖、湿润和阳光充足的环境。生长适温20～30℃，越冬温度须在5℃以上。喜光，喜肥沃沙壤土，植株老化应施以强剪。**【园林应用】**可作庭园、绿篱和花境植物，可修剪成各种形状，植于庭园、建筑物前、园林小品中。可单植、对植、列植或与其他植物搭配种植。耐修剪易矮化，可作花坛镶边植物。还可在草坪、林间空地、建筑物前进行带状、块状大面积种植。也可作盆景观赏。

2 花叶假连翘
Duranta repens var. *variegata*

别名/斑叶金露花 科属/马鞭草科假连翘属 原产地/原种原产热带美洲 类型/常绿灌木 适生区域/8～11区 株高/4米 花期/4～12月

【叶部特征】叶对生，长椭圆形或阔披针形，先端渐尖，边缘具粗锯齿，叶缘具乳白色或淡绿色斑纹。**【生长习性】**同金边假连翘。**【园林应用】**同金边假连翘。

1
2
3
紫叶朱蕉

1 剑叶朱蕉
Cordyline australis

别名/澳洲朱蕉　科属/龙舌兰科朱蕉属　原产地/原种原产美洲热带干旱地区　类型/常绿灌木　适生区域/9～12区　花期/5～8月　株高/50～80厘米，澳洲自然状态可达2米

【叶部特征】叶剑形，革质，中肋硬而明显。聚生于枝端，犹如伞状，叶片终年紫红色。**【生长习性】**属半阴植物，忌烈日暴晒；不耐寒，怕涝，喜高温多湿，需要生长在10℃以上环境中，忌碱性土壤。**【园林应用】**适合盆栽观赏，也可用于园林绿化布景，在道路两侧的绿地使用。群植在花坛中、石头旁组成园林植物小品，或作绿篱。

2 紫叶朱蕉
Cordyline australis 'Purple Compacta'

科属/龙舌兰科朱蕉属　原产地/原种原产美洲热带干旱地区　类型/常绿灌木　适生区域/10～12区　花期/5～6月　株高/30～60厘米

【叶部特征】叶剑形，革质，中肋硬而明显。聚生于枝端，犹如伞状，叶紫黑色，具粉红色斑块。**【生长习性】**同剑叶朱蕉。**【园林应用】**同剑叶朱蕉。

3 亮叶朱蕉
Cordyline fruticosa 'Aichiaka'

别名/亮红朱蕉　科属/龙舌兰科朱蕉属　原产地/原种原产大洋洲和中国热带地区　类型/常绿灌木　适生区域/10～12区　花期/11月至翌年3月　株高/0.3～2米

【叶部特征】叶聚生于枝端，叶披针形，叶褐绿色，边缘呈红紫色。**【生长习性】**同剑叶朱蕉。**【园林应用】**同剑叶朱蕉。

1

2
3

1 细叶朱蕉
Cordyline fruticosa 'Bella'

别名/狭叶朱蕉、丽叶朱蕉　科属/龙舌兰科朱蕉属　原产地/原种原产大洋洲和中国热带地区　类型/常绿灌木　适生区域/10～12区　花期/11月至翌年3月　株高/0.3～2米

【叶部特征】叶聚生于枝端，矩圆形至矩圆状披针形，叶紫红色带红色条纹。**【生长习性】**同剑叶朱蕉。**【园林应用】**同剑叶朱蕉。

2 暗红朱蕉
Cordyline fruticosa 'Cooperi'

别名/丽叶朱蕉　科属/龙舌兰科朱蕉属　原产地/原种原产大洋洲和中国热带地区　类型/常绿灌木　适生区域/10～12区　花期/11月至翌年3月　株高/1～3米

【叶部特征】叶聚生于枝端，矩圆形至矩圆状披针形，叶呈暗红褐色。**【生长习性】**同剑叶朱蕉。**【园林应用】**同剑叶朱蕉。

3 梦幻朱蕉
Cordyline fruticosa 'Dreamy'

别名/三色朱蕉　科属/龙舌兰科朱蕉属　原产地/原种原产大洋洲和中国热带地区　类型/常绿灌木　适生区域/10～12区　花期/11月至翌年3月　株高/1～3米

【叶部特征】叶聚生于枝端，具柄，叶长卵形，叶暗绿色，有暗红色条纹。新叶白色，有红色条斑。**【生长习性】**同剑叶朱蕉。**【园林应用】**同剑叶朱蕉。

1
2
3

1 黑紫朱蕉
Cordyline fruticosa 'Kunth'

科属/龙舌兰科朱蕉属　原产地/原种原产大洋洲和中国热带地区　类型/常绿灌木　适生区域/10～12区　花期/11月至翌年3月　株高/1～3米

【叶部特征】叶聚生于枝端，矩圆形至矩圆状披针形，叶黑紫色，叶缘红色。**【生长习性】**同剑叶朱蕉。**【园林应用】**同剑叶朱蕉。

2 安德烈小姐朱蕉
Cordyline fruticosa 'Miss Andrea'

科属/龙舌兰科朱蕉属　原产地/原种原产大洋洲和中国热带地区　类型/常绿灌木　适生区域/10～12区　花期/11月至翌年3月　株高/0.5～1米

【叶部特征】叶聚生于枝端，矩圆形至矩圆状披针形，叶绿色，有黄色及褐色条纹。**【生长习性】**同剑叶朱蕉。**【园林应用】**同剑叶朱蕉。

3 彩纹朱蕉
Cordyline fruticosa 'Tricolor'

别名/三色朱蕉、七彩朱蕉、丽叶朱蕉　科属/龙舌兰科朱蕉属　原产地/原种原产大洋洲和中国热带地区　类型/常绿灌木　适生区域/10～12区　花期/11月至翌年3月　株高/1.2～1.8米

【叶部特征】叶聚生于枝端，矩圆形至矩圆状披针形，叶有紫色和黄色纵彩纹。**【生长习性】**同剑叶朱蕉。**【园林应用】**同剑叶朱蕉。

1 四色千手兰
Yucca aloifolia ‘Quadricolor’

别名/金道王兰、锦叶王兰　科属/龙舌兰科丝兰属　原产地/原种原产美国东南部、墨西哥和西印度群岛　类型/多年生灌木状或小乔木状植物　适生区域/8 ～ 11区　花期/6 ～ 10月　株高/1.5 ～ 3米

【叶部特征】叶近莲座形，簇生于茎顶，下部叶干枯常不脱落。叶长披针形，先端急尖，中间宽，基部变狭，叶片两侧具红色纵纹。**【生长习性】**耐干燥寒冷，喜排水良好的沙质壤土，喜光，喜通风良好。**【园林应用】**可作盆栽观赏，还可用于花坛中心或围以花坛边缘，也可植于屋顶绿化。

2 金边丝兰
Yucca filamentosa ‘Aureomarginata’

别名/黄边丝兰　科属/龙舌兰科丝兰属　原产地/原种原产美国东部　类型/常绿灌木　适生区域/6 ～ 10区　花期/6 ～ 10月　株高/1.5 ～ 3米

【叶部特征】叶基部簇生，呈螺旋状排列，叶片坚厚，顶端具硬尖刺，叶面有皱纹，浓绿色，被少量白粉，坚直斜伸，叶缘光滑，老叶具少数丝状物。叶缘在春夏具较宽的黄色条纹，到秋冬黄色条纹转为粉红色。**【生长习性】**喜光照充足且通风良好的环境，极耐寒冷，性强健，根系发达，抗旱能力特强，对土壤适应性很强。**【园林应用】**可孤植、群植、片植，还可盆栽观赏、层顶绿化，最适合植于花坛中心或围以花坛边缘。

3 银道王兰
Yucca gigantea ‘Jewel’

科属/龙舌兰科丝兰属　原产地/原种原产美国东部　类型/常绿灌木或小乔木　适生区域/6 ～ 10区　花期/9 ～ 11月　株高/4 ～ 6米

【叶部特征】叶呈放射状，剑形，密生于茎上及茎顶，叶面中央具银白色纵纹。**【生长习性】**喜光，也耐阴，耐旱，耐寒力强，生长适温22 ～ 30℃，对土壤要求不严，喜疏松、富含腐殖质的沙壤土。**【园林应用】**盆栽观赏，现温暖地区可露地栽培。

1
1

2

1 银心象腿丝兰

Yucca gigantea ‘Silver Star’

别名/银心荷兰铁　科属/龙舌兰科丝兰属　原产地/原种原产美国东部　类型/常绿灌木或小乔木　适生区域/6 ～ 10区　花期/9 ～ 11月　株高/4 ～ 6米

【叶部特征】根基部常膨大，略带灰棕色，其叶厚革质，绿色，坚韧，全缘，先端具硬刺尖，叶中肋白色。**【生长习性】**同银道王兰。**【园林应用】**同银道王兰。

2 斑叶棕竹

Rhapis excelsa ‘Variegata’

别名/花叶棕竹、斑叶观音竹、绫锦观音竹　科属/棕榈科棕竹属　原产地/原种原产中国南部　类型/常绿丛生灌木　适生区域/10 ～ 12区　花期/6 ～ 8月　株高/1.2 ～ 1.8米

【叶部特征】叶集生茎顶，掌状深裂，裂片4 ～ 10片，不均等，具2 ～ 5条肋脉，在基部连合，宽线形或线状椭圆形，先端宽，截状而具多对稍深裂的小裂片，边缘及肋脉上具稍锐利的锯齿，横小脉多而明显，叶柄细长，叶片有黄色条纹。**【生长习性】**喜温暖、湿润及通风良好的半阴环境，不耐积水，极耐阴，畏烈日，稍耐寒可耐0℃左右低温。生长适温10 ～ 30℃，越冬温度应不低于5℃，喜疏松肥沃的酸性土壤，不耐瘠薄和盐碱。**【园林应用】**南方可丛植于庭园内大树下或假山旁，北方地区常作盆栽。

1
2
3

1 菲白竹
Pleioblastus fortunei

别名/翠竹　科属/禾本科苦竹属　类型/常绿灌木状丛生竹类
原产地/日本　适生区域/8 ～ 9区　株高/80厘米

【叶部特征】叶鞘无毛，叶片短小，披针形，先端渐尖，基部宽楔形或近圆形；叶面有纵条纹。**【生长习性】**喜温暖、湿润且阳光充足的环境，耐寒，耐阴，不耐强光，不耐高温炎热，怕干旱，畏积水，忌盐碱，喜疏松肥沃、排水良好、富含有机质的沙壤土。**【园林应用】**小型的地被竹，可以在林下生长，常植于庭园观赏，又可作绿篱，还可与假石搭配，或盆栽观赏。

2 菲黄竹
Pleioblastus viridistriatus

别名/花秆苦竹、小金妃竹、秃笹　科属/禾本科苦竹属
类型/常绿灌木状丛生竹类　原产地/日本　适生区域/8 ～ 9区
株高/80厘米

【叶部特征】叶片披针形，先端渐尖，上面无毛，下面被灰白色柔毛。叶幼嫩时淡黄色有深绿色纵条纹，至夏季时全部变为绿色。**【生长习性】**喜温暖、湿润、向阳至半阴环境，耐寒，不耐热，耐旱，耐风，高温生长迟缓。**【园林应用】**同菲白竹。

3 山白竹
Sasa veitchii

别名/维奇赤竹、白边竹、维氏熊竹　科属/禾本科赤竹属
类型/常绿灌木状　原产地/日本　适生区域/8 ～ 11区　株高/1 ～ 1.5米

【叶部特征】叶披针形绿色，叶缘在秋季和冬季呈现白色斑纹。**【生长习性】**喜半阴，可耐−15℃低温。**【园林应用】**同菲白竹。

PART 4
落叶灌木
1
2
3

1 金叶小檗

Berberis thunbergii 'Aurea'

别名/金叶日本小檗、黄叶小檗　科属/小檗科小檗属　类型/落叶灌木　原产地/原种原产日本及中国　适生区域/4～9区　株高/1～2米　花期/5～6月

【叶部特征】叶小，叶薄纸质，倒卵形、匙形或菱状卵形。春季新叶亮黄色至淡黄色，后颜色渐渐变深，呈黄绿色。**【生长习性】**喜光，耐修剪，对土壤的适应性较广，在pH5～8的土壤中均能较好生长。**【园林应用】**抗旱、抗寒、抗风沙的优良树种，也是城市园林绿化、公路两侧绿化隔离带的优良树种。

2 紫叶小檗

Berberis thunbergii var. *atropurpurea*

别名/扫帚紫叶小檗、红叶小檗、紫叶日本小檗　科属/小檗科小檗属　类型/落叶灌木　原产地/原产于中国、日本　适生区域/4～9区　株高/0.9～1.8米　花期/4～6月

【叶部特征】叶小，全缘，菱形或倒卵形，紫红至鲜红，叶背色稍淡。**【生长习性】**适应性强，喜阳，耐半阴，但在光线稍差或密度过大时部分叶片会返绿，耐干旱，适生于肥沃、排水良好的土壤，耐寒，但不畏炎热高温，萌蘖性强，耐修剪。**【园林应用】**可与常绿树种作色块布置，也可盆栽观赏或剪取果枝瓶插供室内装饰用。

3 斑叶木槿

Hibiscus syriacus 'Argenteovariegatus'

别名/花叶木槿　科属/锦葵科木槿属　类型/落叶灌木　原产地/原种原产亚洲气候凉爽地区　适生区域/5～9区　株高/3～4米　花期/7～10月

【叶部特征】叶菱形或三角状卵形，基部楔形，具不整齐缺齿，基脉3，黄色斑沿叶缘或达于叶心部，呈不规则状。**【生长习性】**对环境的适应性很强，较耐干燥和贫瘠，喜光，喜温暖、湿润气候，稍耐阴，耐修剪，但在北方地区栽培需保护越冬。**【园林应用】**夏、秋季的重要观花灌木，南方多作花篱、绿篱；北方作庭园点缀及室内盆栽；还可用于污染工厂绿化。

1
2
2
3
2
2

大戟科

1 山麻秆
Alchornea davidii

别名/桂圆树　科属/大戟科山麻杆属　类型/落叶丛生灌木　原产地/中国　适生区域/9～12区　株高/1～5米　花期/3～5月

【叶部特征】叶宽卵形或近圆形，先端渐尖，基部近平截或心形，具叶柄，托叶披针形；春季嫩叶胭脂红色或紫红色，后变为紫绿色，秋叶橙黄色或红色。**【生长习性】**喜光，也耐阴，抗寒能力较弱，对土壤要求不严，喜疏松肥沃、富含有机质的沙质土壤。**【园林应用】**适合园林群植，庭园门侧、窗前孤植，路边、水滨列植，还可盆栽观赏。

2 一品红
Euphorbia pulcherrima

别名/老来娇、圣诞花、猩猩木　科属/大戟科大戟属　类型/常绿灌木　原产地/墨西哥　株高/1～3米　花期/10月至翌年4月

【叶部特征】叶互生，卵状椭圆形、长椭圆形或披针形，绿色。苞叶狭椭圆形，通常全缘，极少边缘浅波状分裂，红色、黄色、白色、粉红色等。**【生长习性】**短日照植物，喜阳光，喜温暖，冬季温度不低于10℃，喜湿润。**【园林应用】**盆栽布置会议等公共场所；南方暖地可露地栽培，美化庭园；也可作切花。

3 花叶木薯
Manihot esculenta 'Variegata'

别名/斑叶木薯、五彩木薯　科属/大戟科木薯属　类型/落叶灌木　原产地/原种原产中美洲至南美洲　适生区域/10～12区　株高/1.5米　花期/几乎全年

【叶部特征】叶纸质，掌状深裂，裂叶3～7片，倒披针形至狭椭圆形。叶面绿色，各裂片中部有不规则黄色斑块，叶柄红色。**【生长习性】**喜温暖和阳光充足的环境，不耐寒，怕霜冻，耐半阴，栽培环境不宜过干或过湿。**【园林应用】**南方多布置在亭阁、池畔、山石等处，北方一般作盆栽。

1 银边绣球
Hydrangea macrophylla 'Maculata'

别名/银边八仙花　科属/绣球科八仙花属　类型/落叶灌木　原产地/原种原产中国、日本和韩国　适生区域/5～11区　株高/3～4米　花期/6～7月

【叶部特征】叶对生，大而有光泽，倒卵形至椭圆形，两面无毛或仅背脉有毛，叶缘有粗锯齿，白色斑分布于叶缘。**【生长习性】**喜半阴，喜温暖气候，耐寒性不强，华北地区只能盆栽，于温室越冬。喜湿润、富含腐殖质且排水良好的酸性土壤。性颇健壮，病虫害少。**【园林应用】**园林中可配植于稀疏的树荫下及林荫道旁，片植于阴向山坡，也可作盆栽。

2 金叶栎叶绣球
Hydrangea quercifolia 'Little Honey'

别名/小蜜蜂栎叶绣球　科属/绣球科八仙花属　类型/落叶灌木　原产地/原种原产　适生区域/5～9区　株高/90～120厘米　花期/6～7月

【叶部特征】叶常2片对生或少数种类兼有3片轮生，边缘有小齿或锯齿，有时全缘；托叶缺。叶栎形，春季叶金黄色，夏季黄褐色，秋季变为红色或紫色。**【栽培要点】**喜半阴，极耐寒，冬季能耐-15℃。喜湿润、富含腐殖质且排水良好的土壤。**【园林应用】**非常适合小空间绿化，也栽植于灌木丛边缘或开阔林地中。

3 金叶欧洲山梅花
Philadelphus coronarius 'Aureus'

别名/金叶山梅花　科属/绣球科山梅花属　类型/落叶灌木　原产地/原种原产欧洲南部和亚洲西部　适生区域/5～9区　株高/1.8～3米　花期/5～6月

【叶部特征】叶对生，叶卵形或狭卵形，具浅锯齿，整个生长季节叶金黄色。**【生长习性】**适应性强，喜光，喜温暖，也耐寒，耐热，耐旱，怕水涝。对土壤要求不严，生长速度较快。**【园林应用】**适合丛植、片植于草坪、山坡、林缘地带，可配植于建筑、山石旁，也可作花篱或大型花坛的中心栽料，是理想的庭园绿化和蜜源植物，其花枝还可作插花材料。

1 红罗宾石楠
Photinia × fraseri 'Red Robin'

别名/红叶石楠、红罗宾弗雷泽石楠、红知更鸟石楠 科属/蔷薇科石楠属 类型/常绿灌木或小乔木 原产地/原种原产中国 适生区域/8～10区 株高/2.5～3.5米 花期/4～5月

【叶部特征】嫩叶2月中下旬始发，随日照加强，春季叶暗红色，嫩枝、新叶均呈鲜红色，直至4月下旬，此后新叶灰橙色。春季和秋季新叶亮红色。**【生长习性】**喜温暖、潮湿和阳光充足的环境，耐寒性强，耐阴，耐修剪，不耐水湿，耐土壤瘠薄，有一定的耐盐碱性和耐干旱能力，喜湿润、排水良好的土壤。**【园林应用】**一、二年生可修剪成矮小灌木，在园林绿地中作为色块植物片植，或与其他彩叶植物组合成各种图案；也可培育成主干不明显、丛生形的大灌木，群植成大型绿篱或幕墙；还可培育成独干、球形树冠的乔木，在绿地中作为行道树或孤植作庭荫树；也可作盆栽观赏。

2 金叶风箱果
Physocarpus opulifolius 'Dart's Gold'

别名/达特之金无毛风箱果、金叶美国风箱果 科属/蔷薇科风箱果属 类型/落叶灌木 原产地/原种原产北美东部 适生区域/2～9区 株高/1～2米 花期/5月

【叶部特征】叶互生，三角状卵形，缘有锯齿，叶片生长期金黄色，在弱光环境中叶片呈绿色。**【生长习性】**喜光，也耐阴，耐寒，可耐－30℃以下的低温，耐旱，耐瘠薄，华北地区能露地越冬，有夏眠现象。**【园林应用】**适合庭园观赏，也可作路篱、镶嵌材料、带状花坛背衬。

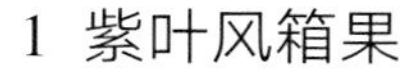

1 紫叶风箱果

Physocarpus opulifolius 'Diabolo'

别名/空竹荚莲叶风箱果、紫叶美国风箱果　科属/蔷薇科风箱果属　类型/落叶灌木　原产地/原种原产北美东部　适生区域/2～9区　株高/2～3米　花期/6～7月

【叶部特征】叶互生，三角状卵形，缘有锯齿，叶片生长期金黄色。**【生长习性】**喜光，耐寒，生长势强，不择土壤。耐干旱，耐涝，较耐空气污染。**【园林应用】**在公园、景区、绿地可作彩篱；在城乡绿化中可作景观花灌木，片植于公园、风景区、生态农业观光园、庭园；可用于草坪点缀、园林置景；丛植可突出色彩对比。

2 美人梅

Prunus × *blireiana* 'Meiren'

别名/樱李梅　科属/蔷薇科李属　类型/落叶灌木或小乔木　原产地/园艺杂交种，从美国引进　适生区域/4～9区　株高/5米　花期/3～4月

【叶部特征】叶片卵圆形，新叶紫红色，成熟叶带绿晕的紫色，叶面褐色。**【生长习性】**阳性树种，抗旱性较强，喜空气湿度大，不耐水涝，对土壤要求不严，以微酸性的黏壤土（pH6）为好，不耐空气污染。**【园林应用】**可孤植、丛植布置庭园，可片植开辟专园（梅园、梅溪）等，又可作盆栽观赏。

3 紫叶李

Prunus cerasifera subsp. *pissartii*

别名/红叶李、皮萨尔迪樱李、醉李　科属/蔷薇科李属　类型/落叶灌木或小乔木　原产地/原产亚洲西南部　适生区域/4～9区　株高/8米　花期/4月

【叶部特征】叶椭圆形、卵形或倒卵形，极稀椭圆状披针形，先端急尖，基部楔形或近圆形，边缘有锯齿，紫色。**【生长习性】**喜光，喜温暖、湿润气候，对土壤适应性强，不耐干旱，较耐水湿，但在肥沃、深厚、排水良好的中性、酸性黏质土壤中生长良好，不耐碱。**【园林应用】**适合在建筑物前、园路旁或草坪角隅处栽植，孤植、群植皆可。

1 太阳李

Prunus cerasifera 'Sunset'

别名/中华太阳李　科属/蔷薇科李属　类型/落叶灌木或小乔木　原产地/原种原产亚洲西南部　适生区域/4～8区　株高/3～5米　花期/3～4月

【叶部特征】枝红色，叶红色，全年红叶期可达260天左右，比紫叶李、紫叶矮樱更鲜艳，最大的优点就是冬天也会保留一部分树叶在树枝上，实现了冬天也能看红叶。**【生长习性】**喜光，喜肥，耐寒，怕涝。**【园林应用】**同紫叶李。

2 紫叶矮樱

Prunus × *cistena* 'Pissardii'

科属/蔷薇科李属　类型/落叶灌木或小乔木　原产地/栽培品种，从美国引进　适生区域/3～9区　株高/2.5米　花期/4～5月

【叶部特征】枝条幼时紫褐色，老枝有皮孔，叶长卵形或卵状长椭圆形，先端渐尖，叶基部广楔形，叶缘具不整齐的细钝齿，叶面红色或紫色，叶背更红。**【生长习性】**喜光，喜湿润，耐寒，耐阴，忌涝，适应性强。**【园林应用】**可作城市彩篱或色块，丛植、片植或孤植均可。

3 密枝红叶李

Prunus cerasifera 'Atropurpurea'

别名/俄罗斯红叶李　科属/蔷薇科李属　类型/落叶灌木或小乔木　原产地/原产西亚和欧洲　适生区域/5～9区　株高/4.5～7.5米　花期/3～4月

【叶部特征】因枝条生长比红叶李密集而得名，叶灰紫色。**【生长习性】**耐修剪，抗旱，抗寒，极耐瘠薄。**【园林应用】**兼具紫叶矮樱的景观效果和李的生长特性，可替代东北地区常用的紫叶小檗，用于庭园、街道绿化。

1 金焰绣线菊

Spiraea japonica 'Gold Flame'

科属/蔷薇科绣线菊属　类型/落叶灌木　原产地/原种原产中国，从美国引种　适生区域/4～9区　株高/60～110厘米　花期/5～9月

【叶部特征】单叶互生，边缘具尖锐重锯齿，羽状脉。春季叶有红有绿，夏天全为绿色，秋天叶变铜红色，新叶灰紫色。**【生长习性】**喜光，喜温暖、湿润气候，能耐高温和低温。萌蘖力强，较耐修剪。耐干旱，耐盐碱，耐瘠薄，喜排水良好、肥沃的中性及微碱性土壤。**【园林应用】**可用于建植大型图纹、花带、彩篱等园林造型，可布置花坛、花境，点缀园林小品，可丛植、孤植或列植，也可作绿篱。

2 金山绣线菊

Spiraea japonica 'Gold Mound'

科属/蔷薇科绣线菊属　类型/落叶灌木　原产地/原种原产中国，从北美引种　适生区域/4～9区　株高/25～35厘米　花期/6～8月

【叶部特征】单叶互生，边缘具尖锐重锯齿，羽状脉。新生小叶金黄色，夏叶浅绿色，秋叶金黄色。**【生长习性】**喜光及温暖、湿润气候，在肥沃的土壤中生长旺盛，耐寒性较强。**【园林应用】**株型丰满呈半圆形，好似一座小金山，可形成优良的彩色地被，可丛植、片植作色块或列植作绿篱，也可作花境和花坛植物。

3 花叶绣线菊

Spiraea japonica 'Painted Lady'

别名/斑叶绣线菊、彩妆女郎绣线菊　科属/蔷薇科绣线菊属　类型/落叶灌木　原产地/原种原产中国　适生区域/4～9区　株高/60～90厘米　花期/6～8月

【叶部特征】单叶互生，叶缘有锯齿，叶布有绿色、黄色和奶油色杂色。**【生长习性】**同金焰绣线菊。**【园林应用】**同金焰绣线菊。

1 紫叶浆果金丝桃
Hypericum androsaemum 'Albury Purpler'

别名/火龙珠　科属/藤黄科金丝桃属　类型/落叶灌木　原产地/原种原产欧洲、北非、西亚　适生区域/5～8区　株高/45～90厘米　花期/6～8月

【叶部特征】叶长椭圆形，全缘，对生，新叶及秋季叶片紫色，与开出的黄花形成对比。**【生长习性】**喜光，但不耐阳光直射，耐寒，喜欢肥沃、排水良好的酸性土壤。**【园林应用】**不仅可观叶，还可夏季观花，秋季观果。可作低矮的树篱或边缘植物，也非常适合大规模种植绿化斜坡等，带果枝叶可用作插花材料。

2 朱缨花
Calliandra haematocephala

别名/红合欢、美洲合欢、红绒球、美蕊花　科属/含羞草科朱缨花属　类型/落叶灌木或小乔木　原产地/原产南美洲　适生区域/9～11区　株高/1～3米　花期/8～9月

【叶部特征】托叶卵状披针形，宿存；二回羽状复叶，新叶棕红色。**【生长习性】**喜光，喜温暖、湿润气候，不耐寒，喜深厚肥沃、排水良好的酸性土壤。**【园林应用】**优良的观花、观叶树种，可在园林绿地中栽植，宜作庭荫树、行道树，可在池畔、水滨、河岸和溪旁等处散植。

3 花叶牛蹄豆
Pithecellobium dulce 'Variegatum'

别名/金龟树、斑叶牛蹄豆　科属/含羞草科猴耳环属　类型/落叶灌木或小乔木　原产地/原种原产台湾、广东、广西、云南、海南　适生区域/10～11区　株高/5～20米　花期/3月

【叶部特征】因每对叶片形似牛蹄、叶片为斑叶而得名。幼叶有白色、粉色、红色等色彩，成熟叶绿色，具白色斑块。**【生长习性】**喜光，喜温暖、湿润气候，耐热，耐旱，耐瘠，耐碱，抗风，抗污染，耐寒性弱，越冬温度须在5℃以上。**【园林应用】**可作绿篱或盆景观赏。

1

2
2

1 紫叶加拿大紫荆
Cercis canadensis‘Purpurea’

别名/红叶加拿大紫荆、加拿大紫荆　科属/苏木科紫荆属　类型/落叶灌木或小乔木　原产地/原种原产美国东部和中西部　适生区域/5～9区　株高/7～15米　花期/3～5月

【叶部特征】叶心形，叶紫色至灰紫色。春、夏、秋三季叶色均为亮丽的紫红色。**【生长习性】**适应性强，喜阳光充足，耐暑热，耐寒，耐干旱，忌积水，对土壤要求不严。**【园林应用】**适合在庭园中栽植，该品种还可培养成多干丛生或0.5米干高的矮干树形。

2 金叶加拿大紫荆
Cercis canadensis‘Variegata’

别名/黄叶加拿大紫荆　科属/苏木科紫荆属　类型/落叶灌木或小乔木　原产地/原种原产美国东部和中西部　适生区域/5～9区　株高/7～15米　花期/3～5月

【叶部特征】叶心形，叶黄色。**【生长习性】**同紫叶加拿大紫荆。**【园林应用】**同紫叶加拿大紫荆。

1

2

1 红叶皂荚
Gleditsia triacanthos 'Rubylace'

别名/紫叶皂荚　科属/苏木科皂荚属　类型/落叶乔木或小乔木　原产地/原种原产美国　适生区域/3～10区　株高/5～8米　花期/5～6月

【叶部特征】一回羽状复叶，卵状披针形或长圆形，具细锯齿，上面网脉明显；春季叶红色，夏季嫩叶保持灰橙色。**【生长习性】**喜光，稍耐阴，具较强耐旱性。对土壤要求不严，喜微酸性、深厚肥沃、湿润且排水良好的土壤。**【园林应用】**可丛植、孤植、群植作庭荫树、行道树等，或培养成常绿小乔木作背景树种。

2 金叶皂荚
Gleditsia triacanthos 'Sunburst'

别名/阳光美国皂荚、金梢美国皂荚、丽光美国皂荚　科属/苏木科皂荚属　类型/落叶乔木或小乔木　原产地/原种原产美国　适生区域/3～10区　株高/15～30米　花期/5～6月

【叶部特征】一回羽状复叶，卵状披针形或长圆形，具细锯齿，上面网脉明显；幼叶黄色，夏季成熟叶黄绿色。**【生长习性】**同红叶皂荚。**【园林应用】**同红叶皂荚。

金缕梅科

1 长柄双花木
Disanthus cercidifolius subsp. *longipes*

科属/金缕梅科双花木属　类型/落叶灌木　原产地/原种分布于湖南、江西、浙江等地　适生区域/5 ~ 7区　株高/3米　花期/10 ~ 12月

【叶部特征】叶膜质，掌状脉，阔卵圆形，叶柄圆筒形，稍纤细，托叶线形。新叶具紫色斑彩，秋叶红色。**【生长习性】**喜温凉多雨、云雾重、温差大的气候，耐阴，适生山地黄壤中，忌积水，忌干旱。**【园林应用】**濒危种，近年来在上海等地园林绿地中开始应用，可作群落中间层，群植在建筑物的北面，或片植在林缘等侧方遮阴处。

2 乌衣红檵木
Loropetalum chinense 'Atropurpureum'

科属/金缕梅科檵木属　类型/常绿灌木或小乔木　原产地/原种原产中国和日本　适生区域/9 ~ 11区　株高/3 ~ 4.5米　花期/3 ~ 4月

【叶部特征】叶革质，卵形，先端尖锐，基部钝，歪斜，叶常年紫色，嫩叶鲜红色。**【生长习性】**喜光，稍耐阴，荫蔽环境叶色容易变绿，适应性强，耐旱，喜温暖，耐寒冷。耐瘠薄，但适合在肥沃、湿润的微酸性土壤中生长。**【园林应用】**可作庭植观赏、绿篱及盆景。

1 彩叶杞柳

Salix integra 'Hakuro Nishikii'

别名/名彩叶柳、花叶柳、花叶杞柳　科属/杨柳科柳属　类型/丛生落叶灌木　原产地/原种原产荷兰　适生区域/5～8区　株高/1～3米　花期/5月

【叶部特征】叶近对生或对生，长圆形，全缘或上部有尖齿。春季和初夏新叶有白色花纹，叶面具绿黄斑。**【生长习性】**喜光，也略耐阴，耐寒性强，能耐−20℃的低温，喜水湿，耐干旱，对土壤要求不严，喜肥沃、疏松、潮湿土壤。**【园林应用】**可片植、群植作风景林，也适合种植在绿地或道路两旁，也可高接于其他柳树上作行道树栽培，幼树可盆栽观赏。

2 金叶构树

Broussonetia papyrifera 'Aurea'

科属/桑科构属　类型/落叶灌木　原产地/原种原产日本、中国　适生区域/6～12区　株高/10～20米　花期/4～5月

【叶部特征】叶宽卵圆形、近圆形，多皱褶，全为金黄色、淡黄色、黄白色，密被先端弯曲长柔毛，背面绿色，先端渐尖或长渐尖，基部浅心形或近圆形，边缘具钝锯齿、重锯齿及缘毛。小枝粗壮，幼枝黄色。**【生长习性】**喜光，适应性强，耐干旱、瘠薄，也能生于水边，多生于石灰岩山地，也能在酸性土及中性土上生长，耐烟尘，抗大气污染力强。**【园林应用】**我国中、北部干旱地区沙荒、山荒及厂矿区的彩叶先锋树种和绿化树种。不宜单株栽培，可丛植或片植。可用构树作砧木，培育双色叶构树植株；生长较缓慢，可作盆景观赏。

3 斑叶构树

Broussonetia papyrifera 'Variegata'

科属/桑科构属　类型/落叶灌木　原产地/原种原产日本、中国　适生区域/6～12区　株高/10～20米　花期/4～5月

【叶部特征】叶宽卵圆形、近圆形，表面深绿色，带有黄色斑块，稀全为金黄色、淡黄色或黄白色。**【生长习性】**同金叶构树。**【园林应用】**同金叶构树。

1 金叶黄栌
Cotinus coggygria 'Golden Spirit'

科属/漆树科黄栌属　类型/落叶灌木　原产地/原种原产北美洲，经欧洲南部至中国中部　适生区域/5～8区　株高/3.5～4.5米　花期/4～5月

【叶部特征】叶片互生，卵形至倒卵形，叶背无毛，全缘。春季为金黄色叶片，夏季稍泛绿，秋季呈彩色。**【生长习性】**喜光，耐旱，耐寒，稍耐半阴，适应力强，在瘠薄性土壤及碱性土上均能生长喜排水良好土壤。**【园林应用】**可片植或丛植于山坡、河岸等地，与常绿植物配植。

2 紫晕黄栌
Cotinus coggygria 'Notcutt's Variety'

科属/漆树科黄栌属　类型/落叶灌木　原产地/原种原产北美洲，经欧洲南部至中国中部　适生区域/5～8区　株高/3～4.5米　花期/4～5月

【叶部特征】叶互生，金黄色，卵形至倒卵形，叶背无毛，全缘，叶深红紫色。**【生长习性】**同金叶黄栌。**【园林应用】**可作草坪上大型灌木，作黄色、黄绿色植物的背景。

3 清香木
Pistacia weinmanniifolia

别名/昆明乌木、细叶楷木、香叶树、紫油木　科属/漆树科黄连木属　类型/常绿灌木或小乔木　原产地/中国云南、西藏、四川、贵州、广西　适生区域/7～9区　株高/2～8米　花期/3月

【叶部特征】偶数羽状复叶，互生，小叶4～9对，叶轴具狭翅，上面具槽，被灰色微柔毛，叶柄被微柔毛。小叶革质，长圆形或倒卵状长圆形，较小，全缘，小叶柄极短，新叶红色。**【生长习性】**喜光，稍耐阴，喜温暖，要求土层深厚，萌发力强，生长缓慢。幼苗的抗寒力不强，在中国华北地区需加以保护，成株能耐－10℃低温。**【园林应用】**适合作绿篱或盆栽。

1
2
3

1 金叶红瑞木

Cornus alba 'Aurea'

别名/黄叶红瑞木　科属/山茱萸科山茱萸属　类型/落叶灌木　原产地/原种原产中国、越南、日本　适生区域/4～8区　株高/2.5～3米　花期/5～6月

【枝干及叶部特征】彩色枝干类。落叶后至春季新叶萌发时，枝干呈鲜红色。叶对生，卵形或椭圆形，先端骤尖，基部楔形或宽楔形，春季、夏季金黄色，早秋后为鲜红色。**【生长习性】**阳性树种，稍耐阴，抗寒性强，浅根性分蘖，多发条，喜肥沃、湿润的弱碱性沙壤土，抗水湿，稍耐盐碱。**【园林应用】**少有的观叶、观枝彩色灌木，还可作插花材料。

2 金边红瑞木

Cornus alba 'Spaethii'

别名/史佩斯红瑞木　科属/山茱萸科山茱萸属　类型/落叶灌木　原产地/原种原产中国、越南、日本　适生区域/4～8区　株高/1.2～1.8米　花期/5～6月

【枝干及叶部特征】彩色枝干类。落叶后至春季新叶萌发时，枝干呈鲜红色。叶对生，卵形或椭圆形，叶缘黄色。**【生长习性】**同金叶红瑞木。**【园林应用】**同金叶红瑞木。

3 银边红瑞木

Cornus alba 'Argenteo Marginata'

别名/白边红瑞木　科属/山茱萸科山茱萸属　类型/落叶灌木　原产地/原种原产中国、越南、日本　适生区域/4～8区　株高/2.4～3米　花期/5～6月

【枝干及叶部特征】彩色枝干类。落叶后至春季新叶萌发时，枝干呈鲜红色。叶纸质，对生，卵形或椭圆形，全缘，白色斑分布于叶缘。**【生长习性】**同金叶红瑞木。**【园林应用】**同金叶红瑞木。

1
1
2
2

1 金色夏日日本四照花

Cornus kousa 'Summer Gold'

科属/山茱萸科山茱萸属　类型/落叶灌木或小乔木　原产地/原种原产日本　适生区域/5～8区　株高/3～4.5米　花期/5～6月

【叶部特征】叶厚纸质或纸质，卵形或卵状椭圆形，先端尾状渐尖，基部宽楔形或近圆，全缘或具细齿，叶柄及叶面疏被白色细伏毛，叶背被白色短伏毛；叶缘黄色，秋天渐变为紫红色。**【生长习性】**喜光，稍耐阴，耐寒，喜排水性好的沙质土壤。**【园林应用】**用于林地边缘，或作为现代花园的装饰性树种，特别适合小空间。

2 桑塔纳大叶醉鱼草

Buddleja davidii 'Santana'

科属/马钱科醉鱼草属　类型/落叶灌木　原产地/原种原产中国中部和西部　适生区域/4～9区　株高/1～1.5米　花期/5～10月

【叶部特征】叶对生，卵形或披针形，先端渐尖，基部楔形，具细齿，上面初疏被星状短柔毛，后脱落无毛，叶柄间具2托叶，有时早落，叶缘乳白色或乳黄色。**【生长习性】**喜光，耐寒，但在温暖地区表现更好，喜排水良好、富含腐殖质的土壤。**【园林应用】**广泛应用于道路绿化，是品质优良的园林绿化品种。

1
3

2

木樨科

1 金脉连翘
Forsythia suspensa 'Goldvein'

科属/木樨科连翘属　类型/落叶灌木　原产地/原种原产中国，引自加拿大　适生区域/5 ～ 8区　株高/2米　花期/3 ～ 4月

【叶部特征】 单叶对生，卵形，缘具齿，叶色嫩绿，叶脉黄色。**【生长习性】** 喜光，有一定耐阴性，耐寒，耐干旱，耐瘠薄，怕涝，不择土地。**【园林应用】** 在园林中常栽植于宅旁、路边、亭阶处，并可于假山、岩石、水景边栽种，也可制成盆景或扎成屏篱，可以形成色彩明丽的地被绿化景观，也可形成路边景观带或绿篱。

2 金叶连翘
Forsythia koreana 'Sun Gold'

别名/金叶朝鲜连翘　科属/木樨科连翘属　类型/落叶灌木　原产地/原种原产中国（北部和中部）　适生区域/5 ～ 8区　株高/3米　花期/3 ～ 4月

【叶部特征】 单叶对生，卵形，缘具齿，叶色从春季至秋季保持黄色或白色。**【生长习性】** 同金脉连翘。**【园林应用】** 同金脉连翘。

3 金缘连翘
Forsythia koreana 'Jinyuan'

科属/木樨科连翘属　类型/落叶灌木　原产地/原种原产中国　适生区域/5 ～ 8区　株高/3米　花期/3 ～ 4月

【叶部特征】 小枝黄绿色。单叶对生，卵形，缘具齿，叶外缘1/3 ～ 1/2部分为黄色。**【生长习性】** 同金脉连翘。**【园林应用】** 同金脉连翘。

木樨科

1 紫叶水蜡
Ligustrum obtusifolium 'Atropurpureum'

科属/木樨科女贞属　类型/落叶灌木　原产地/原种原产日本　适生区域/3～5区　株高/2～3米　花期/5～6月

【叶部特征】叶纸质，长椭圆形，春夏嫩尖呈紫红色，秋季全株紫红色，在强光照下紫红色更加明显。**【生长习性】**耐寒，耐旱，耐涝，耐修剪，抗病力强，喜肥，喜光，喜水，扦插成活率高达98%以上，反季节栽植成活率也很高。**【园林应用】**极耐修剪，容易造型，耐移植，可用于模纹、造型、绿篱等多种绿化工程，非常适合与金叶水蜡、东北水蜡在绿化工程中搭配使用。

2 金叶女贞
Ligustrum × vicaryi

别名/维氏女贞、金禾女贞　科属/木樨科女贞属　类型/落叶或半常绿小灌木　原产地/栽培品种　适生区域/5～8区　株高/2～3米　花期/5～6月

【叶部特征】叶薄且密集，分枝多，基部似三角形，叶黄绿色至黄色。春夏为叶片观赏期，叶片秋冬季会脱落。**【生长习性】**适应性强，对土壤要求不严格，喜光，稍耐阴，耐寒能力较强，耐热性较差。**【园林应用】**常和红花檵木、金叶黄杨、红叶小檗、紫叶矮樱、铺地龙柏、扶芳藤、蜀桧等植物搭配，适合成群片植，可收到较好的景观效果。在街头绿饰中或雕塑四周，可种上成片的金叶女贞。

3 欧洲彩叶女贞
Ligustrum vulgare 'Variegatum'

科属/木樨科女贞属　类型/落叶或半常绿灌木　原产地/原种原产欧洲　适生区域/4～10区　株高/4～5米　花期/5～6月

【叶部特征】叶卵形、长卵形或椭圆形至宽椭圆形，叶柄上面具沟，无毛。新叶玫红色或粉红色，老叶呈花叶状，即中肋绿色，边缘呈黄色。**【生长习性】**喜光，稍耐阴，喜温暖、湿润气候，不耐干旱，喜肥沃厚、通透性好的沙壤土，也耐轻度盐碱土，生长速度快，耐修剪，对二氧化硫等有毒气体有较强的抗性。**【园林应用】**可用作行道树，或点缀草坪，可培养成绿篱或修剪成球状对植，也可作室内观叶植物。

1
2
3
4

1 蓝叶忍冬
Lonicera korolkowii ‘Zabclii’

别名/蓝叶吉利子　科属/忍冬科忍冬属　原产地/原种原产亚洲中部、阿富汗、巴基斯坦　类型/落叶灌木　适生区域/4～9区　株高/2～3米　花期/4～5月

【叶部特征】单叶对生，叶片卵形或椭圆形，近革质。新叶嫩绿，老叶墨绿色泛蓝色，有光泽，背面呈灰绿色。**【生长习性】**喜光，稍耐阴，生长快，华北地区可安全露地越冬，适应性强，耐修剪。**【园林应用】**华北地区不可多得的观叶、观花、观果灌木，可植于草坪中、水边、庭园等，也可作绿篱。

2 银边美洲接骨木
Sambucus canadensis ‘Argenteo Marginata’

科属/忍冬科接骨木属　原产地/原种原产亚洲中部、阿富汗、巴基斯坦　类型/落叶灌木　适生区域/3～9区　株高/1.5～3米　花期/5～6月

【叶部特征】叶对生，单数羽状复叶；小叶卵形、椭圆形或卵状披针形，先端渐尖，基部偏斜阔楔形，边缘有较粗锯齿，叶缘呈银白色。**【生长习性】**喜光，耐阴，耐旱，忌水涝。耐寒性强，能耐-30℃低温。对气候适应性强，能适应温暖湿润及干旱寒冷的气候，对土壤要求不严，喜土层较深、富含腐殖质、排水良好的土壤。**【园林应用】**可作树篱应用于林地或水边，还可绿化公园、广场、林缘等。

3 金叶美洲接骨木
Sambucus canadensis ‘Aurea’

别名/金叶接骨木　科属/忍冬科接骨木属　原产地/原种原产亚洲中部、阿富汗、巴基斯坦　类型/落叶灌木　适生区域/3～9区　株高/1.5～3米　花期/5～6月

【叶部特征】奇数羽状复叶，对生，小叶5～7枚，椭圆状或长椭圆披针形，边缘具锯齿，先端尖，基部楔形，新叶金黄色，熟后黄绿色。**【生长习性】**同银边美洲接骨木。**【园林应用】**同银边美洲接骨木。

4 银边西洋接骨木
Sambucus nigra ‘Albomarginata’

科属/忍冬科接骨木属　原产地/原种原产欧洲、北非和亚洲　类型/落叶灌木或小乔木　适生区域/5～10区　株高4～8米　期/5～6月

【叶部特征】羽状复叶有小叶片1～3对，通常2对，具短柄，椭圆形或椭圆状卵形，叶缘白色。**【生长习性】**同银边美洲接骨木。**【园林应用】**同银边美洲接骨木。

1
2
3
4

1 金花叶欧洲接骨木
Sambucus racemosa 'Goldenvain'

科属/忍冬科接骨木属　原产地/原种原产欧洲　类型/落叶灌木至小乔木　适生区域/5～10区　株高/1～3米　花期/5～6月

【叶部特征】 羽状复叶有小叶2～3对，有时仅1对或多达5对，小叶卵圆形、狭椭圆形至倒矩圆状披针形，边缘具不整齐锯齿，具黄色斑彩。**【生长习性】** 同银边美洲接骨木。**【园林应用】** 同银边美洲接骨木。

2 金叶裂叶欧洲接骨木
Sambucus racemosa 'Plumosa Aurea'

别名/金羽欧洲接骨木　科属/忍冬科接骨木属　原产地/原种原产欧洲　类型/落叶灌木至小乔木　适生区域/5～10区　株高/1～3米　花期/5～6月

【叶部特征】 奇数羽状复叶，小叶5～7片，椭圆形至卵状披针形，叶裂深，金黄色，初生叶红色。**【生长习性】** 同银边美洲接骨木。**【园林应用】** 同银边美洲接骨木。

3 黑色蕾丝西洋接骨木
Sambucus nigra 'Black Lace'

别名/黑叶西洋接骨木　科属/忍冬科接骨木属　原产地/原种原产欧洲　类型/落叶灌木，高大直立的落叶灌木　适生区域/5～10区　株高/1～3米　花期/4～5月

【叶部特征】 羽状复叶，小叶枫叶状，叶黑色或深紫色。**【生长习性】** 同银边美洲接骨木。**【园林应用】** 同银边美洲接骨木。

4 金羽接骨木
Sambucus williamsii 'Plumosa Aurea'

别名/金叶接骨木　科属/忍冬科接骨木属　原产地/原种产于中国北部　类型/落叶灌木至小乔木　适生区域/5～10区　株高/4米　花期/5～6月

【叶部特征】 奇数羽状复叶，小叶卵圆形、狭椭圆形至倒矩圆状披针形，边缘具不整齐锯齿，叶面黄绿色。**【生长习性】** 抗寒性强，喜光，适合中等肥力、富含腐殖质、湿润、排水良好的土壤。**【园林应用】** 可用于庭园、广场和公园等作点缀色块，宜与绿色树种相配植。

1

2

2

1 花叶毛核木
Symphoricarpos albus 'Taff's White'

科属/忍冬科毛核木属　原产地/原种原产北美洲　类型/落叶灌木　适生区域/5～10区　株高/1.2米　花期/5～6月

【叶部特征】单叶对生，菱状卵形至卵形，叶有时背面略被白粉，具茸毛，叶缘白色。**【生长习性】**耐寒，耐热，耐湿，耐瘠薄，病虫害极少，萌枝力强，枝条下垂至地面后，在节间部即可生根。**【园林应用】**观果、观叶兼具的绿化树种和地被植物，宜在庭园、公园、住宅小区、高架路桥绿化栽植，也可作盆栽观赏。

2 金叶欧洲荚蒾
Viburnum opulus 'Aureum'

别名/金叶欧洲琼花　科属/忍冬科荚蒾属　原产地/原种原产欧洲、非洲北部和亚洲北部　类型/落叶灌木　适生区域/7～9区　株高/2.5～3米　花期/5～6月

【叶部特征】叶卵形至椭圆形，基部圆形或心形，缘有小齿，侧脉直达齿尖，叶两面有星状毛，叶黄色。**【生长习性】**生性强健，耐寒性较强，喜光，稍耐阴，怕旱又怕涝，较耐寒，对土壤要求不严，喜湿润、肥沃、排水良好的壤土，萌芽、萌蘖力强。**【园林应用】**常在干旱区城市绿地系统建设中作为耐阴灌木应用，可栽植于乔木下作下层花灌木；不用修剪自然成形，春观花，夏观果，秋观叶，冬观果，四季皆有景。

1 金叶锦带花
Weigela florida 'Aurea'

科属/忍冬科锦带花属　原产地/原种原产远东地区，从美国引进　类型/落叶灌木　适生区域/5 ~ 10区　株高/1.5 ~ 1.8米　花期/4 ~ 10月

【叶部特征】叶长椭圆形，缘有锯齿，表面脉上有毛，背面尤密。整个生长季叶片为金黄色。嫩枝淡红色，老枝灰褐色。**【生长习性】**喜光，抗寒，可耐-29℃左右低温，较耐干旱及污染，喜肥沃、湿润、排水良好的土壤。**【园林应用】**可孤植于庭园的草坪之中，可丛植于路旁，也可作色块或花篱。

2 紫叶锦带花
Weigela florida 'Purpurea'

科属/忍冬科锦带花属　原产地/原种原产远东地区，从美国引进　类型/落叶灌木　适生区域/5 ~ 10区　株高/1.5 ~ 1.8米　花期/4 ~ 10月

【叶部特征】叶长椭圆形，缘有锯齿，表面脉上有毛，背面尤密，新叶浅紫色，老叶紫色。**【生长习性】**同金叶锦带花。**【园林应用】**同金叶锦带花。

3 花叶锦带花
Weigela florida 'Variegata'

别名/花叶矮锦带花、白边锦带花、金边锦带花　科属/忍冬科锦带花属　原产地/原种原产远东地区，从美国引进　类型/落叶灌木　适生区域/5 ~ 10区　株高/1 ~ 2米　花期/4 ~ 5月

【叶部特征】单叶对生，叶长椭圆形，缘有锯齿，表面脉上有毛，背面尤密，叶缘为乳黄色或白色。**【生长习性】**同金叶锦带花。**【园林应用】**同金叶锦带花。

1 海蓝阳光莸

Caryopteris × clandonensis 'Sunshine Blue'

别名/金叶莸海蓝阳光、阳光黄金莸、阳光莸　科属/唇形科莸属　类型/落叶灌木　适生区域/7～9区　株高/0.6～1.2米　花期/7～9月

【叶部特征】单叶对生，叶长卵形，边缘有粗齿，叶面光滑，叶背具银色毛，叶片金黄色。**【生长习性】**生长势强，喜光，也耐半阴，耐旱，耐热，耐寒，在−20℃以上的地区能安全露地越冬。**【园林应用】**蓝色花朵与金色叶片对比强烈，具有非常出色的园林装饰效果。可孤植在草坪中，或用于庭园、小区、公园绿化，也可盆栽观赏。

2 伍斯特金叶莸

Caryopteris × clandonensis 'Worcester Gold'

科属/唇形科莸属　类型/落叶灌木　适生区域/7～9区　株高/50～60厘米　花期/7～9月

【叶部特征】单叶对生，叶长卵形，长3～6厘米，叶端尖，基部圆形，边缘有粗齿。叶面光滑，鹅黄色，叶背具银色毛。**【生长习性】**同海蓝阳光莸。**【园林应用】**同海蓝阳光莸。

3 金叶兰香草

Caryopteris incana 'Jason'

科属/唇形科莸属　原产地/原种原产中国和日本　类型/落叶灌木　适生区域/5～9区　株高/0.9～1.5米　花期/6～10月

【叶部特征】叶交互对生，厚纸质，披针形、卵形或长圆形，边缘有粗齿，很少近全缘，被短柔毛，表面色较淡，两面有黄色腺点，背脉明显，叶黄色。**【生长习性】**喜光，喜中等湿度、排水良好的土壤。**【园林应用】**常作边界植物，非常适合片植，也可作盆栽观赏。

4 垂茉莉

Clerodendrum wallichii

别名/黑叶龙吐珠、节枝常山　科属/唇形科大青属　原产地/中国广西西南部、云南西部和西藏　类型/落叶灌木或小乔木　适生区域/8～11区　株高/4米　花期/10月至翌年4月

【叶部特征】叶长圆形或长圆状披针形，先端渐尖，基部窄楔形，全缘，两面无毛，叶柄长约1厘米，叶具不规则黄色斑块。**【生长习性】**喜湿润、疏松、肥沃的土壤，较耐干旱。**【园林应用】**适合庭园种植或大型盆栽。

PART 5
草本植物
1
2
3
3

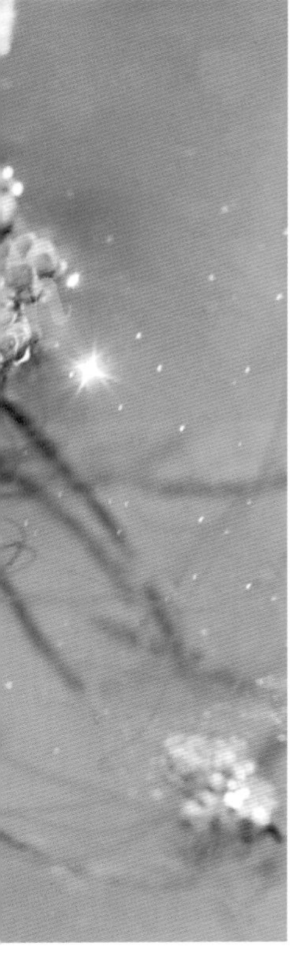

1 日本凤尾蕨

Pteris cretica 'Albolineata'

别名/阿波银线蕨、白斑大叶凤尾蕨 科属/凤尾蕨科凤尾蕨属 原产地/中国台湾、日本 类型/多年生常绿草本 株高/30 ～ 40厘米

【叶部特征】营养叶小叶较宽，狭披针形，叶中部灰白色，边缘常波状。孢子叶叶柄较长，小叶极狭，线形。**【生长习性】**喜半阴，怕强光直射，以散射光为好，喜温暖，越冬温度须5℃以上，生长期间要保持土壤湿润，忌积水。**【园林应用】**适于小型盆栽，装点书房、案几、窗台等；在园林中可用于山石盆景的布置，也可作切花的配叶。

2 白羽凤尾蕨

Pteris ensiformis var. *victoriae*

别名/白玉凤尾蕨、夏雪银线蕨、银脉凤尾蕨 科属/凤尾蕨科凤尾蕨属 原产地/原中国（海南）、印度、马来西亚、斯里兰卡等 类型/多年生草本 株高/50厘米

【叶部特征】营养叶三回羽状裂，裂片狭椭圆形，先端圆钝，主脉和侧脉灰白色。孢子叶小叶稀疏，线形。**【生长习性】**同日本凤尾蕨。**【园林应用】**同日本凤尾蕨。

3 满江红

Azolla pinnata subsp. *asiatica*

别名/红苹 科属/满江红科满江红属 原产地/美洲 类型/多年生浮水草本

【叶部特征】叶小如芝麻，互生，无柄，覆瓦状在茎枝排成2行；叶背裂片长圆形或卵形，肉质，绿色，秋后随气温降低渐变为红色，边缘无色透明，上面密被乳头状瘤突，下面中部略凹陷。**【生长习性】**应选择背风向阳、排灌方便的池塘，放养无风无浪的静水面，然后再用粗竹竿围拦，以免飘散蔓延。平均气温在15℃以下时，要结合施用氮、磷、钾肥，气温上升，再改用磷肥为主，配合施用适量的钾肥。**【园林应用】**对城市水体环境，有较好的绿化效果。可培养于水盆中，也可在庭园中作小水体绿化。因与固氮蓝藻共生，故可作绿肥。

1
1
2
3

1 红水盾草
Cabomba furcata

别名/红金鱼草、红菊花草、红叶水松　科属/莼菜科水盾草属　类型/多年生水生草本　原产地/南美洲及中美洲　株高/2米　花期/12月至翌年1月

【叶部特征】叶二型，叶红棕色，叶一旦生长至水面，叶先端呈现红黄色光泽。**【生长习性】**适合生长的水温15～25℃，温度低于10℃以下，会停止生长并休眠，高于30℃，植株会烂掉。**【园林应用】**在水族箱中的作后景较佳。

2 白香睡莲
Nymphaea odorata 'Alba'

科属/睡莲科睡莲属　类型/多年生草本　原产地/原种原产美国东部　花期/5～9月

【叶部特征】叶圆形或长圆形，全缘，裂刻深。新叶红色，叶背红色。**【生长习性】**喜光，喜富含腐殖质的黏性土壤，栽培水深20～40厘米，盛夏还可适当深些。**【园林应用】**园林水体中常见的花卉，也可缸植观赏。

3 粉香睡莲
Nymphaea odorata 'Turicensis'

科属/睡莲科睡莲属　类型/多年生草本　原产/原种原产美国东部　花期/5～9月

【叶部特征】叶圆形或长圆形，全缘，新叶紫色，叶背红色。**【生长习性】**同白香睡莲。**【园林应用】**同白香睡莲。

1
2
3

1 红边椒草

Peperomia clusiifolta

别名/红缘豆瓣绿、琴叶椒草、簇叶豆瓣绿、红皮豆瓣绿　科属/胡椒科草胡椒属　类型/多年生肉质草本　原产地/印度　株高/30厘米　花期/2 ～ 4月及9 ～ 12月

【叶部特征】叶厚肉质硬挺，单叶互生，倒卵形，中肋略凹陷。叶翠绿色、淡绿色、乳白色、桃红色或红色，叶缘有一条细红色镶边。**【生长习性】**喜温暖、湿润的半阴环境，生长适温25℃，最低不可低于10℃，不耐高温，忌阳光直射，喜疏松肥沃、排水良好的土壤。**【园林应用】**常作小型盆栽。

2 白斑椒草

Peperomia magnolifolia ‘Variegata’

别名/花叶豆瓣绿　科属/胡椒科草胡椒属　类型/多年生肉质草本　原产地/原种原产南美洲　株高/15 ～ 20厘米　花期/2 ～ 4月及9 ～ 12月

【叶部特征】叶厚肉质硬挺，单叶互生，倒卵形，中肋略凹陷，近叶缘处则具乳黄色斑块。**【生长习性】**同红边椒草。**【园林应用】**同红边椒草。

3 白缘钝叶椒草

Peperomia obtusifolia ‘Albomarginata’

别名/白金椒草　科属/胡椒科草胡椒属　类型/多年生肉质草本　原产地/原种原产中美洲至南美洲　株高/30厘米　花期/4 ～ 9月

【叶部特征】叶密集，3 ～ 4片轮生，大小近相等，单叶互生，椭圆形或倒卵圆形，质厚而硬挺，有透明腺点。叶缘有不规则的银白色斑块镶嵌。**【生长习性】**同红边椒草。**【园林应用】**同红边椒草。

1 撒金椒草
Peperomia obtusifolia 'Golden Gate'

别名/斑叶圆椒草　科属/胡椒科草胡椒属　类型/多年生肉质草本　原产地/原种原产中美洲至南美洲　株高/30厘米　花期/4～9月

【叶部特征】多分枝，叶卵圆形，深绿色，叶片厚有光泽，叶面中脉附近粉绿色，两侧近叶缘处有不规则的金黄色斑纹。**【生长习性】**同红边椒草。**【园林应用】**同红边椒草。

2 花叶钝叶椒草
Peperomia obtusifolia 'Variegata'

别名/乳纹椒草、双色豆瓣绿、花叶圆叶椒草　科属/胡椒科草胡椒属　类型/多年生肉质草本　原产地/原种原产中美洲至南美洲　株高/30厘米　花期/4～9月

【叶部特征】叶倒卵形，叶面银灰色，具不规则黄绿色至乳黄色边缘，中间绿色。**【生长习性】**同红边椒草。**【园林应用】**同红边椒草。

3 花叶白脉椒草
Peperomia tetragona 'Variegata'

别名/斑叶白脉椒草　科属/胡椒科草胡椒属　类型/多年生肉质草本　原产地/原种原产秘鲁　株高/20～30厘米　花期/6～8月

【叶部特征】叶椭卵形，3～4枚轮生，叶淡绿色至绿色，具较宽的金黄色边缘。**【生长习性】**同红边椒草。**【园林应用】**同红边椒草。

羽衣甘蓝

Brassica oleracea var. *acephala*

别名/牡丹菜、叶牡丹　科属/十字花科芸薹属　类型/二年生草本　原产地/原种原产于地中海　株高/20 ～ 40厘米　花期/4 ～ 5月

【叶部特征】甘蓝的园艺变种。基生叶片紧密互生呈莲座状，叶片有光叶、皱叶、裂叶、波浪叶之分，叶脉和叶柄呈浅紫色，内部叶叶色极为丰富，有黄、白、粉红、红、玫瑰红、紫红、青灰、杂色等。叶片的观赏期为12月至翌年4月。**【生长习性】**喜冷凉气候，生长适温20 ～ 25℃，极耐寒，能忍受多次短暂的霜冻而不枯萎，抗高温能力达35℃以上，转色需15℃左右的低温刺激，喜充足阳光，对土壤的适应性很强。**【园林应用】**可作为北方晚秋、初冬季城市绿化的理想补充观叶花卉，可用于花坛、花境、花台、花钵及盆栽，目前是国内外新兴的优良鲜切花素材。

1
2

3

景天科

1 御所锦

Adromischus maculatus

别名/水泡、褐斑天锦章　科属/景天科天锦章属　类型/多年生肉质草本　原产地/南非和纳米比亚　株高/35厘米　花期/4～6月

【叶部特征】叶片倒卵状，前端扁圆，基部逐渐变窄，绿色、灰绿色至灰褐色，密布暗紫色至红色斑点，整个叶片边缘都有白色角质。**【生长习性】**喜阳光充足和凉爽干燥的环境，在半荫处也能正常生长，过于荫蔽植株生长不良。夏季高温休眠，应注意通风控水。生长较缓慢，略喜肥。**【园林应用】**常作盆栽观赏。

2 黑法师

Aeonium arboreum 'Atropurpureum'

别名/紫叶莲花掌　科属/景天科莲花掌属　类型/多年生肉质草本　原产地/原种原产摩洛哥　株高/60～90厘米　花期/6～8月

【叶部特征】叶倒长卵形或倒披针形，顶端有小尖，叶缘有白色睫毛状细齿，叶黑紫色，在光线暗淡时泛绿色。**【生长习性】**喜温暖、干燥和阳光充足的环境，耐干旱，不耐寒，稍耐半阴。**【园林应用】**可盆栽或地栽，适合孤植、丛植。

3 玉吊钟

Bryophyllum fedtschenkoi

别名/碟光、洋吊钟　科属/景天科落地生根属　类型/多年生肉质草本　原产地/马达加斯加　株高/60厘米　花期/3～5月

【叶部特征】叶交互对生，肉质叶扁平，卵形至长圆形，边缘有齿，叶蓝绿或灰绿色，上面有不规则的乳白、粉红、黄色斑块，极富变化。**【生长习性】**喜温暖、凉爽气候，不耐高温烈日。耐旱。冬季应停止施肥，控制浇水。**【园林应用】**常作盆栽观赏。

1
2

3

1 银波锦
Cotyledon orbiculata var. *Oblonga*

别名/丁氏轮回　科属/景天科银波锦属　类型/多年生肉质草本　原产地/南非　株高/60 ~ 90厘米　花期/3 ~ 5月

【叶部特征】叶对生，倒卵形，边缘呈波状，叶面密被银灰色粉。**【生长习性】**喜夏季干燥、凉爽，冬季温和的气候条件，主要在较冷凉的季节生长。**【园林应用】**常作盆栽观赏。

2 熊童子
Cotyledon tomentosa

别名/丁氏轮回　科属/景天科银波锦属　类型/多年生肉质草本　原产地/南非　株高/60 ~ 90厘米　花期/3 ~ 5月

【叶部特征】叶肉质叶肥厚，交互对生，卵圆形，密生短细白毛，灰绿色，叶端具红色爪样齿。**【生长习性】**喜温暖、干燥、阳光充足、通风良好的环境。夏季温度过高会休眠。忌寒冷和积水。**【园林应用】**常作盆栽观赏。

3 火祭
Crassula capitella 'Campfire'

别名/秋火莲、秋之莲　科属/景天科青锁龙属　类型/多年生肉质草本　原产地/原种原产南非　株高/7 ~ 15厘米　花期/6 ~ 8月及9 ~ 11月

【叶部特征】肉质叶交互对生，正常生长情况下排列紧密，整株呈四棱状。叶灰绿色，冬季叶上部呈红色，下部呈黄色，夏季叶转红色。**【生长习性】**喜阳光充足、较干燥的生长环境，耐干旱，怕水涝，较耐寒。半阴条件下，叶呈绿色，难以突出品种特征。**【园林应用】**常作中小型垂吊盆景，还可用于背景墙、艺术隔断、植物壁画等。

1
2
3
4

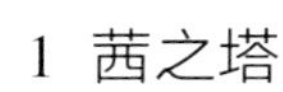

景天科

1 茜之塔

Crassula capitella subsp. *Thyrsiflora*

别名/秋火莲、秋之莲　科属/景天科青锁龙属　类型/多年生肉质草本　原产地/原种原产南非　株高/20厘米　花期/9～10月

【叶部特征】叶无柄，对生，密集排列成四列，叶心形或长三角形，基部大，逐渐变小，顶端最小，接近尖形。新叶叶面呈淡紫红色，叶背紫红色。**【生长习性】**喜温暖、干燥和阳光充足的环境。不耐寒，耐干旱和半阴。怕强光暴晒和水湿。**【园林应用】**常作盆栽观赏。

2 筒叶花月

Crassula ovata 'Gollum'

别名/宇宙之木　科属/景天科青锁龙属　类型/多年生肉质草本　原产地/非洲南部　株高/80厘米　花期/11月至翌年3月

【叶部特征】叶互生，在茎或分枝顶端密集成簇生长，肉质叶筒状，顶端呈斜的截形，截面通常为椭圆形，叶色鲜绿，顶端微黄，有光泽，冬季其截面边缘呈红色。**【生长习性】**喜疏松透气的轻质酸性土，喜温暖、湿润和阳光充足的环境，不耐阴。**【园林应用】**常作盆栽观赏。

3 舞乙女

Crassula rupestris subsp. *marnieriana*

别名/串钱、钱串景天、数珠星　科属/景天科青锁龙属　类型/多年生肉质草本　原产地/南非　株高/15～20厘米　花期/3～5月

【叶部特征】叶密集成茎干，绿色，叶缘具紫色斑彩。**【生长习性】**春、秋、冬季节充分光照，充分浇水，忌长期淋雨。夏季需注意遮阴通风，定期少量浇水。**【园林应用】**常作盆栽观赏。

4 罗密欧

Echeveria agavoides 'Romeo'

别名/金牛座　科属/景天科石莲花属　类型/多年生肉质草本　原产地/原种原产墨西哥　株高/15厘米　花期/3～6月

【叶部特征】叶呈莲座状排列，肥厚，渐尖，叶面光滑蜡质，在温差大、阳光充足的环境下呈紫红色，新叶浅绿色。**【生长习性】**喜凉爽、干燥和阳光充足的环境和排水良好的沙质土壤。冬季注意避免霜冻，夏季短暂休眠。**【园林应用】**常作盆栽观赏。

1
2
3
4

1 吉娃莲
Echeveria chihuahuaensis

别名/吉娃娃、杨贵妃　科属/景天科石莲花属　类型/多年生肉质草本　原产地/墨西哥　株高/30厘米　花期/3～5月

【叶部特征】叶呈莲座状排列，卵形叶，较厚，带小尖，叶蓝绿色，被白霜，叶缘和叶尖红色。**【生长习性】**春、秋季是其生长旺盛期。喜温暖、干燥和阳光充足的环境。生长适温18～25℃。不耐寒，耐干旱和半阴，忌水湿。**【园林应用】**常作盆栽观赏。

2 特玉莲
Echeveria runyonii ‘Topsy Turvy’

别名/特叶玉蝶　科属/景天科石莲花属　类型/多年生肉质草本　原产地/原种原产墨西哥　株高/15～30厘米　花期/3～5月

【叶部特征】叶尖中部明显向中心生长点处皱起，叶蓝绿色至灰绿色，叶面被白粉。**【生长习性】**喜光照，也耐半阴环境，夏季高温时，要注意遮阴。生长适温16～19℃，越冬温度不得低于5℃。**【园林应用】**常作盆栽观赏。

3 黑王子
Echeveria ‘Black Prince’

别名/沙维娜　科属/景天科石莲花属　类型/多年生肉质草本　原产地/墨西哥　株高/60厘米　花期/9～11月

【叶部特征】叶排列成标准的莲座状，叶匙形，肉质，顶端有小尖。叶紫黑色，光线不足时，生长点附近暗绿色。**【生长习性】**喜凉爽、干燥和阳光充足的环境和排水良好的沙质土壤。**【园林应用】**常作盆栽观赏。

4 华丽风车
Graptopetalum superbum

别名/武雄　科属/景天科风车草属　类型/多年生肉质草本　原产地/墨西哥　株高/0.9～1.5米　花期/5～6月

【叶部特征】叶莲座状排列，广卵圆形，有叶尖，叶片肥厚，光滑被白粉，呈粉色至紫粉色。**【生长习性】**喜温暖、干燥、光照充足的环境，耐旱，喜疏松、排水良好的土壤，无明显休眠期。低于5℃注意保温，高于30℃需遮阴，若光照不足植株易徒长。**【园林应用】**常作盆栽观赏。

1
1

2

景天科

1 唐印
Kalanchoe tetraphylla

别名/牛舌洋吊钟 科属/景天科伽蓝菜属 类型/多年生肉质草本 原产地/南非开普敦省和德兰士瓦省 株高/50 ~ 60厘米 花期/3 ~ 5月

【叶部特征】叶型卵形，全缘，先端钝。叶淡绿色，披有一层厚厚的白粉，叶缘红色，叶心部黄色。**【生长习性】**春、秋季的生长旺盛，耐半阴，稍耐寒，冬季给予充足光照，保持盆土适度干燥，能耐3 ~ 5℃低温。夏季高温可放在通风、凉爽处养护，并控制浇水。**【园林应用】**除盆栽观赏外，还可地栽布置多肉植物温室景观。

2 金丘松叶佛甲草
Sedum mexicanum 'Gold Mound'

别名/金叶佛甲草 科属/景天科景天属 类型/多年生肉质草本 原产地/原种原产中国和日本 株高/30 ~ 50厘米 花期/4 ~ 5月

【叶部特征】叶黄色，线形，宽约3毫米，4（5）叶轮生。**【生长习性】**耐旱，在气温不低于10℃时都能生长良好。**【园林应用】**可用于屋顶绿化，是花境、花坛布景的优良植物，是一种良好护坡植物。也可作盆栽。

1
2

3

虎耳草科

1 酒红矾根
Heuchera 'Beaujolais'

别名/珊瑚铃 科属/虎耳草科矾根属 类型/多年生草本植物 原产地/原种原产美国中部 株高/25 ~ 30厘米 花期/4 ~ 11月

【叶部特征】叶基生，呈阔心形,5 ~ 7裂，酒红色，边缘褶皱。**【生长习性】**喜半阴，耐旱，耐寒，喜富含腐殖质且中性偏酸的土壤。**【园林应用】**枝叶生长稠密，覆盖性强，是少有的彩叶阴生地被植物，多应用于林下花境、庭园绿化；也多配植于多年生花坛或者花带边缘、岩石园、公园道路两侧等；也可作高架桥立体装饰；还可作盆栽观赏。

2 饴糖矾根
Heuchera 'Caramel'

别名/饴糖珊瑚铃 科属/虎耳草科矾根属 类型/多年生草本植物 原产地/原种原产美国中部 株高/60 ~ 120厘米 花期/4 ~ 11月

【叶部特征】叶较大，叶基生，呈阔心形，5 ~ 7裂，橙色或焦糖色。**【生长习性】**同酒红矾根。**【园林应用】**同酒红矾根。

3 香茅矾根
Heuchera 'Citronelle'

别名/香茅珊瑚铃 科属/虎耳草科矾根属 类型/多年生草本植物 原产地/原种原产美国中部 株高/15 ~ 30厘米 花期/6 ~ 7月

【叶部特征】叶基生，呈阔心形，5 ~ 7裂，浅裂，具圆齿，黄绿色。**【生长习性】**比一般矾根品种更能容忍炎热和潮湿的夏天，其余同酒红矾根。**【园林应用】**同酒红矾根。

1 白雪公主矾根
Heuchera 'Snow Angel'

别名/香茅珊瑚铃　科属/虎耳草科矾根属　类型/多年生草本植物　原产地/原种原产美国中部　株高/15～30厘米　花期/6～7月

【叶部特征】 叶基生，呈阔心形，5～7裂，浅裂，具圆齿，黄绿色。**【生长习性】** 同酒红矾根。**【园林应用】** 同酒红矾根。

2 紫叶珊瑚钟
Heuchera sanguinea 'Rosea'

科属/虎耳草科矾根属　类型/多年生草本植物　原产地/原种原产北美　株高/30～60厘米　花期/5～6月

【叶部特征】 叶暗紫红色，圆弧形，边缘有锯齿，基部莲座形。**【生长习性】** 同酒红矾根。**【园林应用】** 同酒红矾根。

1
3
2
2

虎耳草科

1 虎耳草

Saxifraga stolonifera

别名/红叶虎耳草、金丝荷叶、金钱吊芙蓉　科属/虎耳草科虎耳草属　类型/多年生草本植物　原产地/日本、中国　株高/8～45厘米　花期/4～11月

【叶部特征】叶基生，近心形、肾形或扁圆形，沿叶脉具白色斑纹，叶背紫红色。**【生长习性】**喜凉爽、半阴环境，对土壤要求不严，喜疏松、肥沃的酸性沙壤土。**【园林应用】**适用于向阳窗台和阳台观赏，还可用于岩石园绿化。

2 三色虎耳草

Saxifraga stolonifera 'Tricolor'

别名/斑叶虎耳草　科属/虎耳草科虎耳草属　原产地/原种原产日本和中国　类型/多年生草本植物　株高/15～50厘米　花期/4～11月

【叶部特征】叶近基生，心形或近肾形。叶面绿色，中央深绿色，具白色网状脉，叶缘呈乳白色，有粉红色的线条镶边。**【生长习性】**同虎耳草。**【园林应用】**同虎耳草。

3 蔷薇瓶子草

Sarracenia rosea

别名/红景天瓶子草、伯克瓶子草　科属/虎耳草科瓶子草属　类型/多年生草本植物　原产地/北美洲岸　株高/15～90厘米　花期/4～5月

【叶部特征】囊状叶，绿色带淡红色，脉纹紫色。**【生长习性】**喜湿润，喜光，喜冷凉。**【园林应用】**常作盆栽观赏。

马齿苋科

1 白花韧锦
Anacampseros alstonii

别名/阿氏加欢草　科属/马齿苋科回欢草属　类型/多年生草本植物　原产地/南非及纳米比亚的沙漠地带　株高/4 ～ 15厘米　花期/3 ～ 8月

【叶部特征】细枝上包裹白中透绿的鳞片状小叶，呈灰白色。**【生长习性】**喜凉爽、干燥和阳光充足的环境，耐干旱和半阴，忌水湿和强光，也怕闷热潮湿，稍耐寒。**【园林应用】**常作盆栽观赏。

2 紫米粒
Portulaca gilliesii

别名/小松针牡丹　科属/马齿苋科马齿苋属　类型/多年生肉质草本植物　原产地/南美玻利维亚、阿根廷、巴西等　株高/30 ～ 60厘米　花期/5 ～ 6月

【叶部特征】因叶片像一颗颗紫色小米粒而得名，茎紫红色，较弱，常匍匐状，小叶轮生，肥厚饱满，小叶掉落易生根，茎部易生侧芽。**【生长习性】**喜温暖、阳光充足的环境，极耐瘠薄，一般土壤均能适应，喜排水良好的沙质土壤。生长强健，管理粗放。**【园林应用】**短期内即可达到观赏效果，是非常出色的景观花种，亦可盆栽观赏。

3 斑叶土人参
Talinum paniculatum 'Variegatum'

别名/斑叶栌兰、花叶土人参、斑叶假人参　科属/马齿苋科土人参属　类型/一年生或多年生肉质草本　原产地/原种原产美洲热带　株高/1.0 ～ 1.2米　花期/5 ～ 6月

【叶部特征】叶互生或近对生，叶片稍肉质，倒卵形或倒卵状长椭圆形，顶端急尖，有时微凹，具短尖头，基部狭楔形，全缘。叶面具不规则的白色斑块。**【生长习性】**喜温暖、湿润气候，耐高温、高湿，不耐寒冷。**【园林应用】**常作盆栽观赏。

1 红叶甜菜

Beta vulgaris var. *cicla*

别名/莙荙菜、厚皮菜　科属/蓼科甜菜属　类型/二年生草本　原产地/原种原产欧洲　株高/矮生种30～50厘米，高生种60～110厘米　花期/5～6月

【叶部特征】叶阔卵形，呈暗紫红色，叶脉红色，叶柄长而宽。**【生长习性】**喜温暖，生长适温15～25℃。极耐寒，能忍受−10℃左右的短期低温，不耐高温，需要中等强度的光照，喜肥沃、潮湿、排水良好的黏土及沙土，对氮肥需要较多。**【园林应用】**在园林绿化中可布置花坛，也可作盆栽观赏。

2 血红甜菜

Beta vulgaris 'Bull's Blood'

别名/牛血甜菜　科属/蓼科甜菜属　类型/二年生草本　原产地/原种原产欧洲　株高/45～60厘米　花期/5～6月

【叶部特征】叶阔卵形，绿色；叶柄肉质，长而宽，红色；叶脉红色到紫色。**【生长习性】**同红叶甜菜。**【园林应用】**同红叶甜菜。

3 红柄甜菜

Beta vulgaris 'Dracaenifolia'

别名/红柄恭菜　科属/蓼科甜菜属　类型/二年生草本　原产地/原种原产欧洲　株高/30～40厘米　花期/8～9月

【叶部特征】叶阔卵形，绿色或紫色，叶柄及叶脉鲜红色。**【生长习性】**同红叶甜菜。**【园林应用】**同红叶甜菜。

4 赤胫散

Polygonum runcinatum var. *sinense*

别名/散血草　科属/蓼科蓼属　类型/一年生或多年生草本植物　原产地/原种原产美洲热带　株高/30～50厘米　花期/7～8月

【叶部特征】叶三角状卵形，春季幼株枝条、叶柄及叶中脉均为紫红色，夏季成熟叶绿色，中央有锈红色晕斑，叶缘淡紫红色。**【生长习性】**喜光，耐阴，耐寒，耐瘠薄。性强健，管理粗放，秋冬季节应将地上枯萎部分及时清理，以利于翌年春季发出新枝。**【园林应用】**常被用作地被植物，多用于现代中式园林中。

1
1

2

1 紫绢苋

Aerva sanguinolenta 'Songuinea'

别名/紫娟苋　科属/苋科白花苋属　类型/多年生草本　原产地/原种原产南美洲　株高/40 ~ 200厘米　花期/4 ~ 6月

【叶部特征】叶阔卵形，绿色或紫色，叶柄及叶脉鲜红色。**【生长习性】**喜光，生长适温20 ~ 30℃，性强健，耐旱，耐高温，耐修剪。**【园林应用】**可作为庭园缘栽、列植或地被植物，是目前造园常用观叶植物之一。

2 锦叶红龙草

Alternanthera dentara 'Rainbow'

科属/苋科莲子草属　类型/多年生草本　原产地/原种原产巴西　株高/20 ~ 50厘米　花期/9 ~ 11月

【叶部特征】叶对生，椭圆形至倒卵形，卷曲有皱，银绿至紫红色。叶色会随季节产生变化。**【生长习性】**生长适温22 ~ 32℃，光照需充足，栽培基质以沙壤土为宜，植株老化需修剪，促使萌发新茎叶。**【园林应用】**适于庭园缘栽或作地被，也可在花坛构成图案强调色彩变化，还可作盆栽观赏。

1 锦绣苋
Alternanthera bettzickiana

别名/红莲子草、红节节草、红草、五色草　科属/苋科莲子草属　类型/多年生肉质草本植物　原产地/巴西　株高/20～50厘米　花期/8～9月

【叶部特征】叶片矩圆形、矩圆倒卵形或匙形，顶端急尖或圆钝，有凸尖，基部渐狭，边缘皱波状，绿色或红色，或绿色杂以红色或黄色斑纹。幼叶有柔毛，后脱落。**【生长习性】**喜光，略耐阴，不耐夏季酷热，不耐湿也不耐旱，对土壤要求不严，生长适温22～32℃，极不耐寒，冬季宜在15℃左右。**【园林应用】**可用作布置花坛，排成各种图案，也可作盆栽观赏。

2 皱边血心兰
Alternanthera reineckii ‘Rosaefolia’

别名/大红叶　科属/苋科莲子草属　类型/多年生水生草本　原产地/原种原产南美热带地区　株高/20～30厘米　花期/罕见

【叶部特征】叶十字对生，披针形，叶缘略呈褶皱状，叶背红色。**【生长习性】**喜肥，喜光，光线不足时，容易生长不良。水温过低时易落叶。**【园林应用】**常用于水族箱造景。

1 三色苋
Amaranthus tricolor

别名/雁来红、老少年、老来少　科属/苋科苋属　类型/一年生草本　原产地/印度　株高/0.8 ~ 1.5米　花期/5 ~ 8月

【叶部特征】叶卵形、菱状卵形或披针形，绿色、红色、紫色、黄色，或绿色加杂其他颜色，顶端圆钝或尖凹，基部楔形，全缘或波状缘，无毛。**【生长习性】**喜温暖，喜光，生长适温23 ~ 27℃，耐旱，耐盐碱，对土壤要求不严。**【园林应用】**可作花坛背景、篱垣或在路边丛植，也可大片种植于草坪之中，与各色花草组成绚丽的图案，也可作盆栽、切花之用。

2 彩灯三色苋
Amaranthus tricolor 'Illumination'

别名/灯饰苋　科属/苋科苋属　类型/一年生草本　原产地/原种原产印度　株高/0.8 ~ 1.5米　花期/5 ~ 8月

【叶部特征】叶卵状披针形，亮玫瑰色至红色，新叶具金色条纹，较老叶上具对比色或具青铜色、铜色至褐色的调和色。**【生长习性】**同三色苋。**【园林应用】**同三色苋。

3 约瑟外衣三色苋
Amaranthus tricolor 'Joseph's Coat'

别名/约瑟彩衣三色苋　科属/苋科苋属　类型/一年生草本　原产地/原种原产印度　株高/0.2 ~ 1米　花期/5 ~ 8月

【叶部特征】叶卵状披针形，上层叶深红色和金黄色，较下层叶呈巧克力色至褐色、绿色和黄色。**【生长习性】**同三色苋。**【园林应用】**同三色苋。

苋科

1 凤尾鸡冠花

Celosia argentea var. *plumosa*

别名/羽状鸡冠、穗冠、芦花鸡冠、扫帚鸡冠　科属/苋科青葙属　类型/一年生草本　原产地/原种原产印度　株高/30 ~ 80厘米　花期/7 ~ 12月

【叶部特征】叶片卵形、卵状披针形或披针形，叶绿色或褐红色。**【生长习性】**喜光，耐贫瘠，怕积水，不耐寒，在高温干燥的气候条件下生长良好。**【园林应用】**可用于花境、花坛，还可作切花材料。

2 红龙草

Cyathula prostrata ‘Ruliginosa’

别名/紫杯苋　科属/苋科杯苋属　类型/多年生草本　原产地/原种原产南美　株高/15 ~ 20厘米　花期/9 ~ 11月

【叶部特征】叶对生，长椭圆形，先端渐尖，基部楔形，紫色。**【生长习性】**性强健，耐旱，喜肥沃、排水良好的壤土或沙壤土。栽培地点日照要充足，否则叶色不良。生长适温20 ~ 30℃。**【园林应用】**可在花台、庭园丛植、列植。也可作地被植物，不宜作室内栽培。

3 血苋

Iresine herbstii

别名/红叶苋、圆叶洋苋　科属/苋科血苋属　类型/多年生草本　原产地/巴西　株高/30 ~ 90厘米　花期/8 ~ 9月

【叶部特征】叶紫红色，叶面有黑褐色斑纹，叶背深红色。茎枝鲜红。**【生长习性】**喜排水良好、湿润、肥沃的壤土。半日照或稍荫蔽处生长良好，但过分阴暗易徒长、叶色不良。喜温暖，生长适温15 ~ 26℃。**【园林应用】**适合在庭园荫蔽、潮湿地丛植、列植，也可作盆栽观赏。

4 黄脉洋苋

Iresine herbstii ‘Aureoreticulata’

别名/花叶红苋　科属/苋科血苋属　类型/常绿多年生草本　原产地/原种原产巴西　株高/20 ~ 40厘米　花期/8 ~ 9月

【叶部特征】茎色鲜红，叶对生，卵形或马蹄形，绿色，叶脉黄色。**【生长习性】**同圆叶洋苋。**【园林应用】**同圆叶洋苋。

1 尖叶洋苋
Iresine herbstii ‘Acuminata’

别名/尖叶血苋、尖头红苋　科属/苋科血苋属　类型/常绿多年生草本　原产地/原种原产巴西　株高/5 ~ 50厘米　花期/11 ~ 12月

【叶部特征】叶对生，广卵形，先端急尖或渐尖，全缘。叶面红褐色，网脉及叶背玫红色。**【生长习性】**同圆叶洋苋。**【园林应用】**同圆叶洋苋。

2 玫红洋苋
Iresine herbstii ‘Blazin Rose’

别名/炽热玫瑰血苋、玫红血苋　科属/苋科血苋属　类型/多年生草本　原产地/原种原产巴西　株高/5 ~ 50厘米　花期/11 ~ 12月

【叶部特征】叶对生，广卵形，玫红色，带有深色斑块。**【生长习性】**同圆叶洋苋。**【园林应用】**同圆叶洋苋。

3 粉红尖叶红叶苋
Iresine lindenii ‘Pink Fire’

别名/粉红火焰尖叶红叶苋　科属/苋科血苋属　类型/多年生草本　原产地/原种原产厄瓜多尔，日本引进　株高/30厘米　花期/5 ~ 6月或9 ~ 10月

【叶部特征】叶披针状卵形，绿色，带部分玫红色不规则斑块。**【生长习性】**喜温暖、湿润气候，不耐寒，耐热，光照充足，叶色会变美，但盛夏强光会引起叶灼伤。**【园林应用】**常用于夏季花坛和盆栽。

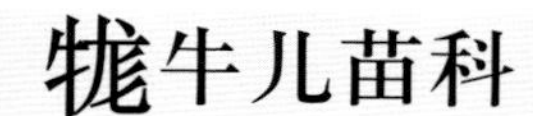

1 红樱桃之夜天竺葵
Pelargonium ‘Brocade Cherry Night’

科属/牻牛儿苗科天竺葵属　类型/多年生草本　原产地/原种原产非洲南部　株高/30～35厘米　花期/5～7月

【叶部特征】叶片圆形或肾形，基部心形，边缘波状浅裂，具圆形齿，两面被透明短柔毛，叶片紫色，边缘绿色。**【生长习性】**喜光，喜冷凉，但不耐寒，忌高温，喜排水良好的肥沃壤土，不耐水湿。**【园林应用】**适用于室内盆栽摆放、花坛布置等。

2 银边天竺葵
Pelargonium hortorum ‘Marginatum’

科属/牻牛儿苗科天竺葵属　类型/多年生草本　原产地/原种原产非洲南部　株高/30～60厘米　花期/5～7月

【叶部特征】叶片圆形或肾形，基部心形，边缘波状浅裂，具圆形齿，两面被透明短柔毛，叶片绿色，边缘呈白色。**【生长习性】**同红樱桃之夜天竺葵。**【园林应用】**同红樱桃之夜天竺葵。

3 波洛克夫人天竺葵
Pelargonium ‘Mrs. Pollock’

科属/牻牛儿苗科天竺葵属　类型/多年生草本　原产地/原种原产非洲南部　株高/30～45厘米　花期/5～7月

【叶部特征】叶片圆形或肾形，基部心形，边缘波状浅裂，具圆形齿，两面被透明短柔毛，叶片绿色，近叶缘出有红色马蹄纹，叶缘黄白色。**【生长习性】**同红樱桃之夜天竺葵。**【园林应用】**同红樱桃之夜天竺葵。

4 马蹄纹天竺葵
Pelargonium zonale

别名/蹄纹天竺葵　科属/牻牛儿苗科天竺葵属　类型/多年生草本　原产地/非洲南部　株高/30～60厘米　花期/5～7月

【叶部特征】叶片圆形或肾形，基部心形，边缘波状浅裂，具圆形齿，两面被透明短柔毛，表面叶缘以内有暗红色马蹄形环纹。**【生长习性】**同红樱桃之夜天竺葵。**【园林应用】**同红樱桃之夜天竺葵。

1
2
3
2

酢浆草科

1 黄花酢浆草
Oxalis pes-caprae

别名/雀斑酢浆草、黄麻子酢浆草　科属/酢浆草科酢浆草属　类型/多年生草本　原产地/南非　株高/5～10厘米　花期/4～9月

【叶部特征】叶多数，基生，无托叶，小叶3，倒心形，先端深凹陷，基部楔形，两面被柔毛，具紫斑。**【生长习性】**喜光，喜温暖、湿润气候，盛夏应遮阴，抗旱，不耐寒，不择土壤，喜腐殖质丰富的沙壤土。**【园林应用】**一种优良的彩叶地被植物，可片植于草坪、花坛、花境等；可在疏松林地及林缘大面积种植；也可盆栽观赏。

2 熔岩酢浆草
Oxalis 'Sunset Velvet'

别名/落日酢浆草　科属/酢浆草科酢浆草属　类型/多年生草本　原产地/原种原产南非　株高/18～24厘米　花期/5～11月

【叶部特征】叶多数，基生，无托叶，叶柄基部具关节；小叶3，倒心形，叶片呈金色、橙色、粉色和铜黄色。凉爽季节颜色鲜亮，夏季转为灰绿色。**【生长习性】**同黄花酢浆草。**【园林应用】**同黄花酢浆草。

3 紫叶酢浆草
Oxalis triangularis 'Purpurea'

别名/三角紫叶酢浆草、雀斑酢浆草、黄麻子酢浆草　科属/酢浆草科酢浆草属　类型/多年生草本　原产地/原种原产南非　株高/15～30厘米　花期/5～11月

【叶部特征】三出掌状复叶，呈等腰三角形，叶正面玫红色，中间呈“人”字形不规则浅玫红色斑，叶背深红色。**【生长习性】**同黄花酢浆草。**【园林应用】**同黄花酢浆草。

1 新几内亚凤仙花
Impatiens hawkeri

别名/五彩凤仙花　科属/凤仙花科凤仙花属　类型/多年生草本　原产地/南非　株高/25 ～ 30厘米　花期/6 ～ 8月

【叶部特征】多叶轮生，叶披针形，叶缘具锐锯齿。叶中脉红色，近中肋黄色，叶缘绿色。**【生长习性】**喜温暖，耐阴，忌强光直射，喜富含腐殖质沙壤土。**【园林应用】**可作观赏盆花，也可吊篮造型及花坛布景等。

2 蝴蝶草
Ammannia senegalensis

别名/小红柳、黄金柳、塞内加尔水苋菜　科属/千屈菜科水苋菜属　类型/一年生草本　原产地/非洲　株高/45厘米　花期/罕见

【叶部特征】叶对生，无柄，狭披针形，全缘，叶先端绿中泛红，呈黄色或橙红色。茎红色。**【生长习性】**喜温暖，怕低温，在20 ～ 28℃的温度范围内生长良好，越冬温度不宜低于15℃。**【园林应用】**适合室内水体绿化，水草造景多用于中景草。

3 豹纹红蝴蝶草
Rotala macrandra ‘Variegata’

别名/红蝴蝶　科属/千屈菜科节节菜属　类型/一年生水生草本　原产地/原种原产印度　株高/20 ～ 30厘米　花期/罕见

【叶部特征】挺水性水草，其水上叶与水中叶的差异极大，水上叶为圆形对生，叶质较硬；水中叶呈披针形、椭圆形、卵圆形等。叶脉呈黄色，叶肉红色。**【生长习性】**喜强光，需二氧化碳、软水，不宜高温，生长适温22 ～ 28℃。**【园林应用】**水草造景中多用于中景草及后景草。

1
2
3

1 粉红宫廷
Rotala rotundifolia ‘Gontin’

别名/彩虹圆叶　科属/千屈菜科节节菜属　类型/一年生水生草本　原产地/原种原产南亚地区　株高/15 ~ 30厘米　花期/罕见

【叶部特征】挺水性水草，为小圆叶的改良品种。其水上叶与水中叶的差异极大，水上叶圆形，无叶柄，叶质较厚且呈深绿色；水中叶幅较小圆叶宽，长椭圆形叶端较圆钝，色泽更艳丽。上部叶淡粉色或粉红色，下部叶黄绿色。**【生长习性】**对水质适应性较强，pH及硬度略高也能正常生长，但在弱酸性软水中才能保持艳丽的色彩。对光照及肥料要求较多，根肥或液肥缺乏会导致生长不良。生长适温22 ~ 28℃。**【园林应用】**水草造景中多用于中景草及后景草。

2 越南百叶
Rotala ‘Vietnam’

科属/千屈菜科节节菜属　类型/一年生水生草本　原产地/原种原产东南亚　株高/5 ~ 20厘米　花期/罕见

【叶部特征】挺水性水草，其水上叶与水中叶的差异极大，其水上叶通常是4轮生，鲜绿色卵形叶。水中叶10 ~ 12轮生，叶线形，看上去很像红松尾，但红松尾的针叶截面是圆形，而越南百叶的叶片截面是扁的；水中叶颜色为黄绿色至黄色，茎呈红色。**【生长习性】**生长速度快，需经常修剪。培育时，强光和二氧化碳是必须的，氮磷钾肥和微量元素也不能少。**【园林应用】**水草造景中多用作中景草及后景草。

3 红松尾
Rotala wallichii

别名/瓦氏节节菜　科属/千屈菜科节节菜属　类型/一年生水生草本　原产地/东南亚　株高/15 ~ 30厘米　花期/罕见

【叶部特征】挺水性水草，其水上叶与水中叶的差异极大，水上叶呈绿色，8 ~ 10轮生，叶针形，叶质坚硬挺拔；水中叶顶叶呈现红色，但是水中草常常呈现棕绿色，10 ~ 13轮生，叶长针形，但叶质较为柔软。**【生长习性】**对于水质变化适应能力较差，如果水质波动或者pH产生剧烈变化，极易生长不良。喜新水，需经常换水，但应避免pH变化过大。**【园林应用】**水草造景中多用于中景草及后景草。

1 紫叶千鸟花

Gaura lindheimeri ‘Crimson Bunerny’

别名/紫叶山桃草　科属/柳叶菜科山桃草属　类型/多年生草本
原产地/原种原产中国（云南南部）及越南、缅甸、泰国、印度、马来西亚　株高/40 ~ 45厘米　花期/5 ~ 9月

【叶部特征】叶紫色，无柄，披针形，先端尖，缘具波状齿。**【生长习性】**喜光，喜凉爽及半湿润环境，耐寒，喜疏松、肥沃、排水良好的沙壤土。**【园林应用】**可用于花园、公园、花坛、花境，或作地被植物，与柳树配植或用于点缀草坪。

2 大红叶

Ludwigia glandulosa

别名/新叶底红　科属/柳叶菜科丁香蓼属　类型/多年生水生草本
原产地/非洲、美洲、南亚　株高/15 ~ 40厘米　花期/罕见

【叶部特征】植株顶端叶红色，下部叶红绿色。水中叶为三瓣螺旋排列的互生叶，叶形小巧，茎节短，在水中直立生长。**【生长习性】**需要强光照及充足的二氧化碳及肥料供应，适合栽植大红叶的最佳季节为冬季，大红叶在强光照射下叶片会呈现较红的色彩。**【园林应用】**水草造景中多用作中景草及后景草。

3 叶底红

Ludwigia repens

别名/叶底红丁香、还魂红、血还魂　科属/柳叶菜科丁香蓼属
类型/多年生水生草本　原产地/北美　株高/20 ~ 30厘米　花期/罕见

【叶部特征】茎红棕色，叶面浅绿色，叶背红色。叶宽卵形或椭圆形，先端渐尖，基部心形，具大小不等的密细齿，齿尖具红色长刚毛状缘毛，叶面疏被毛，有时具白色斑点，叶背红紫色，仅脉上疏被毛；叶柄密被平展的红色长刚毛及微柔毛。**【生长习性】**喜半阴，喜湿润肥沃的土壤。**【园林应用】**宜盆栽，或栽于林下湿润的地方作地被植物。

1
2

3

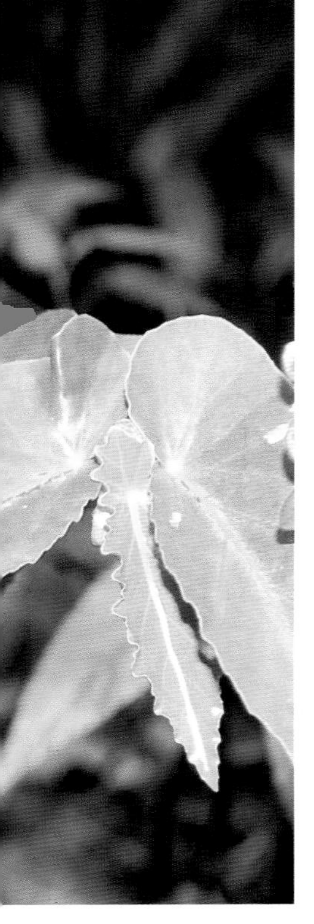

1 银星秋海棠
Begonia × albopicta

别名/银星海棠、麻叶秋海棠　科属/秋海棠科秋海棠属　类型/多年生草本
原产地/原种原产巴西　株高/100厘米　花期/几乎全年

【叶部特征】叶片稍肉质，偏斜的卵状三角形，先端尖，基部斜心形，边缘有不规则浅裂，裂片三角形，无毛，叶绿色，具稠密的银白色斑点，好似闪烁的星星，故名银星秋海棠，叶背浅紫色。**【生长习性】**喜温暖及散射光，夏天气温不能超过30℃，忌阳光直射，冬季温度不低于10℃，生长期间要保持盆土湿润，每2周施1次液肥，夏季和冬季停止施肥。**【园林应用】**可盆栽于阳台、走廊、会议室等处供观赏。

2 虎斑秋海棠
Begonia bowerae 'Tiger'

别名/星点鲍尔秋海棠、细蜘蛛秋海棠　科属/秋海棠科秋海棠属　类型/多年生草本　原产地/原种原产巴西　株高/25～30厘米　花期/4～6月

【叶部特征】叶片卵圆形，叶脉黄白色，叶暗黄色，叶上分布有亮黄色斑块。叶柄长，叶缘具白毛。**【生长习性】**喜温暖、湿润的半阴环境，不耐寒，忌高温干燥和烈日暴晒。生长适温15～25℃。**【园林应用】**可盆栽于阳台、走廊、会议室等处供观赏，也可作植物墙。

3 珊瑚秋海棠
Begonia coccinea

别名/红花竹节秋海棠、龙翅海棠、绯红秋海棠　科属/秋海棠科秋海棠属　类型/多年生草本　原产地/原种原产墨西哥　株高/1.5米　花期/1～4月

【叶部特征】叶肉质，叶偏斜，长卵圆形，叶面深绿色，散生白色斑点，叶背珊瑚红色；叶端渐尖，基部在一侧开裂成心形，上方两条叶脉常伸长成方角状；叶缘有不规则小齿，上下微卷成波浪形。**【生长习性】**耐阴，喜温暖、湿润的环境，喜排水良好的肥沃土壤。**【园林应用】**宜作中小型盆栽，也可用于花台、花坛美化。

1
2
3

1 四季秋海棠
Begonia cucullata

别名/洋秋海棠、玻璃翠、蚬肉秋海棠　科属/秋海棠科秋海棠属　类型/多年生草本　原产地/巴西　株高/15 ~ 30厘米　花期/3 ~ 12月

【叶部特征】叶互生，有光泽，卵圆至广卵圆形，先端急尖或钝，基部稍心形而斜生，边缘有小齿和缘毛。叶两面绿色、青铜色或杂色。**【生长习性】**耐阴，喜温暖、湿润气候，喜排水良好的肥沃土壤。**【园林应用】**四季秋海棠的园艺品种很多，适用于花坛、盆栽。

2 食用秋海棠
Begonia edulis

别名/南兰、葡萄叶秋海棠　科属/秋海棠科秋海棠属　类型/多年生草本　原产地/中国贵州、云南、广西、广东　株高/60厘米　花期/6 ~ 9月

【叶部特征】茎生叶近圆形或扁圆形，先端渐尖，基部心形或深心形，疏生三角形浅齿，浅裂达1/3，裂片宽三角形，上面被硬毛，下面近无毛，叶面绿色，背面具紫色晕。**【生长习性】**生长适温19 ~ 24℃，冬季温度不低于10℃，否则叶片易受冻。喜散射光，不耐强光直射，喜疏松肥沃的土壤。**【园林应用】**可盆栽于阳台、走廊、会议室等处供观赏。

3 中华秋海棠
Begonia grandis subsp. *sinensis*

别名/珠芽秋海棠　科属/秋海棠科秋海棠属　类型/多年生草本　原产地/中国　株高/70厘米　花期/7月

【叶部特征】叶较小，椭圆状卵形至三角状卵形，先端渐尖，叶面绿色，叶背面偶带红色。**【生长习性】**应在温室中栽培，适当遮阴，需要充足的水分和较高的空气湿度，同时要避免积水。**【园林应用】**喜生长在岩石峭壁之上，解决其繁殖难题即可开发成道路两侧的护坡植物，或直接应用于城市园林绿化。

1 斑叶竹节秋海棠

Begonia grandis 'Wightii'

别名/银斑秋海棠　科属/秋海棠科秋海棠属　类型/多年生草本　原产地/巴西　株高/60～100厘米　花期/6～8月

【叶部特征】叶质厚，斜长圆形至长圆状卵形，叶缘波状，叶面绿色具银白色斑点，叶背红色。**【生长习性】**喜温暖、湿润气候，越冬温度需8℃以上。喜散射光。夏季置凉爽处，忌高温。喜疏松、排水良好、富含腐殖质的土壤。**【园林应用】**常作盆栽观赏。

2 铁十字秋海棠

Begonia masoniana

别名/毛叶秋海棠、铁甲秋海棠、马蹄秋海棠　科属/秋海棠科秋海棠属　类型/多年生草本　原产地/巴西　株高/45～60厘米　花期/5～7月

【叶部特征】叶具长柄，通常1片，密被褐色粗卷曲硬毛，叶脉中央呈不规则紫褐色环带，形似马蹄。**【生长习性】**喜温暖、湿润气候，冬季温度不得低于10℃，不耐高温，怕强光直射。**【园林应用】**可作中、小型盆栽，也可作吊篮或景箱种植。

3 蟆叶秋海棠

Begonia rex

别名/王秋海棠、毛叶秋海棠、长纤秋海棠　科属/秋海棠科秋海棠属　类型/多年生草本　原产地/印度　株高/17～23厘米　花期/5月

【叶部特征】叶具长柄，密披褐色长硬毛。叶基生，叶两侧不相等，轮廓长卵形，富有金属光泽，叶面紫绿色，有一条银灰色环状斑纹，叶背红色，叶脉和叶柄红色。**【生长习性】**喜温暖、湿润和通风良好的半阴环境。**【园林应用】**常作盆栽观赏。

秋海棠科/野牡丹科

1 牛耳秋海棠
Begonia sanguinea

别名/血叶秋海棠、牛耳朵　科属/秋海棠科秋海棠属　类型/多年生草本　原产地/巴西　株高/60 ~ 90厘米　花期/6 ~ 8月

【叶部特征】叶互生，斜心状卵形，叶面绿色，叶背红色。**【生长习性】**喜温暖、湿润、散射光环境，不耐高温，夏日忌阳光直射，忌干旱，畏涝，不耐瘠薄，较耐低温，生长适温18 ~ 27℃。**【园林应用】**可作盆栽观赏。

2 象耳秋海棠
Begonia 'Thurstonii'

别名/瑟斯顿秋海棠　科属/秋海棠科秋海棠属　类型/多年生草本　原产地/原种原产中国和马来西亚　株高/30 ~ 60厘米　花期/6 ~ 11月

【叶部特征】叶片卵圆形，明显不对称，形似象耳，叶脉深陷，叶背红棕色。**【生长习性】**同牛耳秋海棠。**【园林应用】**同牛耳秋海棠。

3 斑叶围巾花
Heterocentron elegans 'Variegata'

别名/斑叶裂距花　科属/野牡丹科四瓣果属　类型/多年生常绿草本　原产地/原种原产墨西哥　株高/6 ~ 10厘米　花期/12月至翌年3月

【叶部特征】叶片卵圆形，对生，有疏毛，叶脉羽状，叶面具有黄色斑彩。**【生长习性】**喜高温、多湿环境，稍喜阳，但不可暴晒。喜排水良好、肥沃的酸性土壤。**【园林应用】**因繁殖力强，生长迅速，雨季一个月之内可把地面完全覆盖，迅速形成观花地被景观；可作盆栽或悬垂花卉；可用于岩石园覆盖；也可以应用到缀花草坪；由于根系丰富，特别适合边坡护坡之用。

1
2
2

1 银边翠
Euphorbia marginata

别名/高山积雪、象牙白　科属/大戟科大戟属　类型/一年生草本　原产地/北美　株高/60～80厘米　花期/6～9月

【叶部特征】叶互生，椭圆形，绿色，苞叶椭圆形。**【生长习性】**喜温暖、干燥和阳光充足环境，不耐寒，耐干旱，宜在疏松、肥沃和排水良好的沙壤土中生长。**【园林应用】**常作花坛的镶边材料，也可绿地丛植或于庭园小径旁栽植。

2 红叶蓖麻
Ricinus communis 'Gibsonii'

科属/大戟科蓖麻属　类型/一年生草本　原产地/原种原产非洲　株高/0.9～1.2米　花期/8～9月

【叶部特征】叶纸质互生，掌状分裂，盾状着生，叶缘具锯齿，叶面紫色；托叶合生，凋落。**【生长习性】**喜高温，不耐霜，耐瘠薄，耐盐碱，适应性很强，深根作物。当气温稳定在10℃时即可播种。**【园林应用】**可直接用于城乡园林绿化，可用于荒山、盐碱地等恶劣环境修复。单株种植观赏效果不佳，成丛、成片或与其他园林植物配植较好。

1
2
3
3

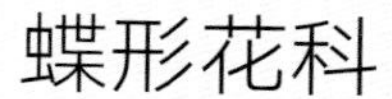

蝶形花科

1 白车轴草
Trifolium repens

别名/白三叶、白花苜蓿、荷兰翘摇　科属/蝶形花科车轴草属　类型/多年生草本　原产地/产欧洲及北非　株高/10 ~ 30厘米　花期/5 ~ 10月

【叶部特征】掌状三出复叶，小叶倒卵形或近圆形，叶面中部有V形白斑。**【生长习性】**喜光，不耐阴，生长适温16 ~ 24℃，喜温暖湿润气候，不耐干旱和长期积水。**【园林应用】**常作绿肥、堤岸防护草种或草坪装饰。

2 红车轴草
Trifolium pratense

别名/红三叶　科属/蝶形花科车轴草属　类型/多年生草本　原产地/产欧洲及北非　株高/30 ~ 80厘米　花期/5 ~ 9月

【叶部特征】掌状三出复叶，小叶卵状椭圆形至倒卵形，基部阔楔形，两面疏生褐色长柔毛，叶面上常有V形白斑，侧脉约15对，伸出形成不明显的钝齿。**【生长习性】**喜凉爽、湿润气候，气温超过35℃生长受到抑制，冬季最低气温达−15℃则难以越冬。耐湿，不耐旱。喜排水良好、土质肥沃的微酸性及中性（pH6 ~ 7）黏壤土。**【园林应用】**常用于花坛镶边、布置花境，也可用于机场、高速公路、庭园绿化及江堤湖岸等固土护坡绿化；可与其他冷季型和暖季型草混播，也可单播，既能赏花，又能观叶，覆盖地面效果好。

3 红叶蝙蝠草
Christia vespertilionis

别名/蝴蝶草、红叶飞机草、飞机草　科属/蝶形花科蝙蝠草属　类型/多年生草本　原产地/东南亚及中国　株高/60 ~ 120厘米　花期/3 ~ 5月

【叶部特征】叶通常为单小叶，稀有3小叶；小叶近革质，紫色，顶生小叶菱形或长菱形或元宝形。**【生长习性】**喜温暖、湿润气候，怕冷，喜散射光，喜微酸性或中性的排水良好土壤。**【园林应用】**常作盆栽观赏。

1
2
3

1 吐烟花
Pellionia repens

别名/喷烟花、美赤车垂缎草　科属/荨麻科赤车属　类型/多年生草本　原产地/云南南部及东南部、海南　株高/10厘米　花期/5～10月

【叶部特征】叶绿色，边缘紫褐色，中间淡绿色，斜长椭圆形或斜倒卵形，具浅钝齿或近全缘，上面无毛，下面脉上被毛，基脉3出。**【生长习性】**喜高温、高湿和半阴环境，忌强光，怕寒冷。喜排水良好、富含腐殖质的壤土。越冬最低温度5℃以上。**【园林应用】**盆栽或用于雨林缸造景。

2 花叶冷水花
Pilea cadierei

别名/花叶荨麻、白雪草　科属/荨麻科冷水花属　类型/多年生常绿草本　原产地/印度　株高/15～40厘米　花期/9～11月

【叶部特征】叶对生，卵形，锯齿缘，三出脉，叶面有凸起波皱，叶面深绿色，有2条间断的白斑，新叶肉红色。**【生长习性】**喜半阴、多湿环境，忌直射光，对温度适应范围广，冬季能耐4～5℃低温，喜富含腐殖质的壤土。**【园林应用】**可作地被植物或盆栽观赏，园林中常用于林下、林缘、路边片植观赏。

3 皱叶冷水花
Pilea mollis

别名/蛤蟆草、皱皮草、月面冷水花　科属/荨麻科冷水花属　类型/多年生常绿草本　原产地/哥伦比亚、哥斯达黎加　株高/30厘米　花期/6～8月

【叶部特征】叶对生，卵形，锯齿缘，三出脉，叶面有凸起波皱，叶面主色为黄绿色，具黑色斑条，下部叶脉黑色，上部叶脉与叶同色。**【生长习性】**喜高温、多湿，生长适温22～28℃，10℃以下要预防寒害，忌直射光。**【园林应用】**用于药用植物专类园，也可作地被植物。

1
1
2
2

1 月光山谷冷水花
Pilea mollis 'Moon Valley'

科属/荨麻科冷水花属　类型/多年生常绿草本　原产地/原种原产哥伦比亚、哥斯达黎加　株高/15～30厘米　花期/6～8月

【叶部特征】叶对生，卵形，锯齿缘，三出脉，叶面有凸起波皱，叶绿色，具白色纵向斑纹。新叶肉红色，具白色纵向斑纹。**【生长习性】**同皱叶冷水花。**【园林应用】**同皱叶冷水花。

2 红叶冷水花
Pilea ovalis 'Norfolk'

科属/荨麻科冷水花属　类型/多年生常绿草本　原产地/原种原产印度　株高/15～30厘米　花期/罕见

【叶部特征】叶对生，卵形，锯齿缘，三出脉，叶面有凸起波皱，叶绿色，略带褐色，中央脉两侧有一对银色条纹。**【生长习性】**同皱叶冷水花。**【园林应用】**同皱叶冷水花。

1 亚菊
Ajania pacifica

别名/金球菊、太平洋亚菊　科属/菊科亚菊属　原产地/亚洲东部和中部　类型/多年生常绿草本或亚灌木　株高/30～60厘米　花期/8～9月

【叶部特征】叶卵形、长椭圆形或菱形，有柄，叶缘银白色，叶背密被白毛。**【生长习性】**喜凉爽和通风良好、阳光充足、地势高燥的环境，不择土壤，喜富含腐殖质、排水良好的沙壤土。**【园林应用】**适于丛植，是优秀的观花、观叶地被植物。广泛用于花坛、花境、假山、路缘、草坪等。

2 黄金艾蒿
Artemisia argyi 'Variegata'

别名/斑叶艾蒿　科属/菊科蒿属　原产地/原种原产亚洲及欧洲　类型/多年生半常绿草本　株高/40厘米　花期/8～11月

【叶部特征】叶羽状深裂，叶背密被灰白色蛛丝状茸毛，深绿色，具不规则黄白色斑纹。**【生长习性】**喜光，适应性强，耐瘠薄，喜排水顺畅、湿润肥沃的土壤。**【园林应用】**可以用于花境、花坛、岩石园。

3 白绵毛蒿
Artemisia ludoviciana subsp. *albula*

别名/小木艾　科属/菊科蒿属　原产地/北美洲　类型/多年生半常绿草本　株高/60～90厘米　花期/8～9月

【叶部特征】叶披针形，具锯齿，银白色，密生茸毛。**【生长习性】**喜光，适应性强，耐瘠薄，耐干旱，喜湿润肥沃、排水良好的土壤。**【园林应用】**同黄金艾蒿。

1

2

1 朝雾草

Artemisia schmidtiana

别名/蕨叶蒿、银叶草　科属/菊科蒿属　原产地/尼泊尔、中国（西藏）　类型/多年生半常绿草本　株高/10厘米　花期/7～8月

【叶部特征】植株匍匐生长，容易形成垫状，通体呈银白色绢毛，叶为羽毛状。**【生长习性】**喜光，稍耐旱、耐寒。生长适温16～24℃，适合在冷凉的环境下栽种。**【园林应用】**盆栽适于吊篮或小型花盆；园林中多用于路边、山石边，适合在混植花坛或草本花坛中种植，可以营造叶片的对比，也可用于白色花坛的主题植物。

2 芙蓉菊

Crossostephium chinense

别名/玉芙蓉、雪艾、海芙蓉　科属/菊科芙蓉菊属　原产地/中国中南及东南部　类型/多年生常绿草本　株高/10～40厘米　花期/几乎全年

【叶部特征】叶聚生枝顶，狭匙形或狭倒披针形，质地厚。叶两面密生白色茸毛，灰绿色。**【生长习性】**喜温暖，怕炎热，生长适温15～30℃，较耐寒，能耐−5℃低温。喜光，较耐阴，光照过强或过弱均不利生长。喜潮湿环境，耐涝，较耐干旱。喜腐殖质深厚、疏松、排水良好、保水保肥力强的微酸性至中性沙质土。**【园林应用】**成型的芙蓉菊可劈接小菊品种制作盆景，但要进行药剂矮化处理；还广泛用于园林绿化、盐碱地改造等。

1
2
3
③

1 黄斑大吴风草

Farfugium japonicum 'Aureomaculata'

别名/花叶如意、洒金橐吾　科属/菊科大吴风草属　原产地/原种原产福建、台湾、浙江、江西、湖北、广东　类型/多年生常绿草本　株高/30 ～ 70厘米　花期/10 ～ 11月

【叶部特征】叶多为基生，亮绿色，革质，肾形，边缘波角状，叶面泛布黄色斑点。**【生长习性】**喜半阴和湿润环境，耐寒，怕阳光直射，喜肥沃疏松、排水良好的壤土。**【园林应用】**观叶、观花兼具的地被植物，适合片植于林下或立交桥下，也可作盆栽观赏。

2 花叶大吴风草

Farfugium japonicum 'Variegatum'

别名/斑叶橐吾　科属/菊科大吴风草属　原产地/原种原产福建、台湾、浙江、江西、湖北、广东　类型/多年生常绿草本　株高/30 ～ 70厘米　花期/10 ～ 11月

【叶部特征】叶多为基生，革质，肾形，边缘波角状，深绿色，叶缘具不规则白斑。**【生长习性】**同黄斑大吴风草。**【园林应用】**同黄斑大吴风草。

3 紫鹅绒

Gynura aurantiaca

别名/蔓性紫鹅绒、紫绒三七、橙花菊三七、红风菊　科属/菊科菊三七属　原产地/印度尼西亚等亚洲热带地区　类型/多年生常绿草本植物　株高/30 ～ 60厘米　花期/4 ～ 5月

【叶部特征】叶互生，叶柄粗壮，托叶小。叶卵圆形或宽卵形，先端渐尖，基部楔形或圆形，主脉明显，背脉突出，有重锯齿，叶面手摸时有茸毛毡之感觉。叶面绿色，叶背紫红色，新叶紫红色。**【生长习性】**喜光照充足、高温、高湿的环境条件，生长适温18 ～ 25℃，最低不可低于8℃，否则易引起落叶，冬季宜在12℃以上。**【园林应用】**一般作中型盆栽，可用于作组合盆栽或与吊兰等花卉配植装饰。

1
2

3

1 紫背菜

Gynura bicolor

别名/红凤菜、血皮菜、红背菜　科属/菊科菊三七属　原产地/中国华南地区、台湾、云南、四川　类型/多年生草本　株高/50 ～ 100厘米　花期/5 ～ 10月

【叶部特征】叶互生，茎下部叶有柄，上部叶无柄；叶卵圆形或卵形，边缘有粗锯齿；叶面绿色，被微毛，叶背红紫色，无毛。**【生长习性】**耐旱，耐热，耐阴，适应性广。喜微酸性、肥沃的沙质土壤，夏季高温干燥天气应遮阴。**【园林应用】**常作盆栽观赏，也可在树荫或房屋前后阴地栽培。

2 银叶菊

Jacobaea maritima

别名/雪叶菊、雪叶莲、白艾、白妙菊　科属/菊科菊三七属　原产地/地中海沿岸　类型/多年生草本　株高/60厘米　花期/6 ～ 9月

【叶部特征】叶较薄，缺裂，覆白色茸毛。**【生长习性】**较耐寒，耐旱，喜凉爽湿润、阳光充足环境和疏松肥沃的沙质土壤，生长适温20 ～ 25℃。**【园林应用】**重要的花坛观叶植物，适合作五色草花坛的镶嵌，尤其适合在冷色和暖色植物之间做过渡色；可配植于岩石园；效野公园形成野趣盎然的植物景观。

3 紫章

Senecio crassissimus

别名/紫蛮刀、紫龙、鱼尾冠、鱼尾菊　科属/菊科千里光属　原产地/马达加斯加　类型/多年生肉质草本　株高/50 ～ 80厘米　花期/5 ～ 6月

【叶部特征】肉质叶倒卵形，青绿色，稍有白粉，叶缘及叶片基部均呈紫色。**【生长习性】**喜疏松肥沃、排水良好的沙壤土，生长适温15 ～ 25℃，应给予充足阳光，光线不足时叶缘的紫色不明显，忌强烈阳光直射。**【园林应用】**常作盆栽观赏，也可地栽布置多肉植物温室。

1
2

3

菊科

1 大翅蓟
Onopordum acanthium

别名/苏格兰蓟、绵毛蓟　科属/菊科大翅蓟属　原产地/欧洲西部到西亚和中亚　类型/一年生或二年生草本　株高/2米　花期/6～9月

【叶部特征】基生叶及下部茎叶长椭圆形或宽卵形；中部叶及上部茎叶渐小，长椭圆形或倒披针形，无柄。全部叶缘有稀疏的刺齿，叶被厚棉毛，呈白色。**【生长习性】**较耐寒，可耐－15℃低温，喜凉爽、光照充足环境，适应性强，喜疏松土壤。**【园林应用】**宜作背景材料。

2 大金光菊
Rudbeckia maxima

别名/大头金光菊、蒲棒菊　科属/菊科金光菊属　原产地/北美　类型/多年生草本　株高/0.9～1.5米　花期/5～9月

【叶部特征】叶互生，3～5深裂，白色。**【生长习性】**喜通风良好、阳光充足的环境，适应性强，耐寒又耐旱。对土壤要求不严，但忌水湿。**【园林应用】**株型较大，能形成长达半年之久的艳丽花海景观；可作花坛、花境材料；可用于切花；此外也可布置草坪边缘。

3 银香菊
Santolina chamaecyparissus

别名/香绵菊、棉香菊、绵杉菊　科属/菊科银香菊属　原产地/地中海地区　类型/常绿多年生草本　株高/50厘米　花期/6～7月

【叶部特征】叶银灰色，有较浓的芳香气味。枝叶密集，新梢柔软，具灰白柔毛。**【生长习性】**喜光，耐热，忌土壤湿涝。在半阴和潮湿环境中叶片淡绿色。耐干旱，耐瘠薄，耐高温，耐修剪，耐盐碱。**【园林应用】**广泛运用于花境、岩石园、花坛；可作低矮绿篱；也可栽于树坛边缘；可采用块状和带状栽培作色块，不宜片植。

1 七宝树锦
Senecio articulatus 'Variegatus'

别名/花叶仙人笔、花叶七宝树　科属/菊科千里光属　原产地/原种原产南非　类型/多年生肉质草本　株高/20～40厘米　花期/11～12月

【叶部特征】顶端密生肉质小叶。叶扁平，提琴状，羽状3～5深裂。叶蓝绿色，具粉红色或乳白色斑纹。**【生长习性】**以散射光条件下生长为好。不耐寒，越冬温度应保持在5℃以上，生长适温15～22℃。耐半阴和干旱。喜排水良好、疏松、肥沃的沙壤土。忌水湿和高温，夏季高温半休眠。**【园林应用】**室内优良的小型盆栽多肉观赏植物。

2 绯之冠
Senecio grantii

别名/常绿菊、绯冠菊、白云龙　科属/菊科千里光属　原产地/南非　类型/多年生肉质草本　株高/60～90厘米　花期/1～3月

【叶部特征】叶对生，稍薄，狭椭圆形，紫绿色，被白粉，具绯红色斑彩，叶脉不明显。**【生长习性】**喜疏松肥沃、排水良好的沙壤土，应给予充足阳光，忌强烈阳光直射。**【园林应用】**常作盆栽观赏，也可地栽。

3 银月
Senecio haworthii

别名/银月城　科属/菊科千里光属　原产地/南非　类型/多年生肉质草本　株高/30厘米　花期/1～3月

【叶部特征】叶轮生，排列成松散的莲座状，叶片两头尖，中间粗，呈纺锤状，似蚕茧，叶银白色或稍带绿色。**【生长习性】**喜阳光充足的温暖环境和排水良好的疏松土壤，需水量较小。属冬型种，夏季要注意遮阴、通风、控水。**【园林应用】**常作盆栽观赏，也可地栽。

1
2
3

1 夹竹桃叶仙人笔
Kleinia neriifolia

别名/天龙　科属/菊科千里光属　原产地/南非　类型/多年生肉质草本　株高/1.2～2.4米　花期/8～9月

【叶部特征】叶呈螺旋状排列，深蓝绿色，呈线形至倒披针形，后变成棘刺，无叶柄。**【生长习性】**喜温暖环境和排水良好的疏松土壤。**【园林应用】**常作盆栽，也可地栽布置多肉植物温室。

2 蓝松
Senecio serpens

别名/万宝、蓝粉笔　科属/菊科千里光属　原产地/南非　类型/多年生常绿肉质亚灌木　株高/15～30厘米　花期/6～8月

【叶部特征】叶交互对生，披针形，浅蓝灰色被白粉，顶尖褐色。光照充足时，会变紫色。**【生长习性】**喜阳光充足的温暖环境和排水良好的疏松土壤，耐热。夏季注意遮阴，生长适温15～35℃，冬季到5℃以下断水，防止冻伤。**【园林应用】**常作盆栽，也可地栽布置多肉植物温室或花园。

3 小荇菜
Nymphoides coreana

别名/小莕菜、白花荇菜　科属/睡菜科荇菜属　原产地/中国（台湾）、俄罗斯、日本　类型/多年生水生草本　株高/5～15厘米　花期/5～10月

【叶部特征】叶卵形或圆形，基部深心形，全缘，叶柄不整齐，具关节，基部向茎下延。叶面绿色，有斑点，叶背常带紫色。**【生长习性】**喜光，喜水湿，适生于多腐殖质的微酸性至中性的底泥和富营养的水域中。**【园林应用】**庭园的点缀水景，也可室内水盆栽培观赏。

1 仙客来

Cyclamen persicum

别名/兔耳花、兔子花、一品冠　科属/报春花科仙客来属　原产地/欧洲南部及突尼斯　类型/多年生常绿草本　株高/20～30厘米　花期/11月至翌年3月

【叶部特征】叶片由块茎顶部生出，心形、卵形或肾形，叶缘有细锯齿，叶表面深绿色，具银色大理石雕纹。**【生长习性】**喜温暖、湿润气候，怕炎热，在凉爽的环境下和富含腐殖质的肥沃沙壤土中生长良好。较耐寒，可耐0℃的低温。**【园林应用】**常用于室内花卉布置或作切花。

2 金叶过路黄

Lysimachia nummularia 'Aurea'

别名/金钱草、黄金串钱草　科属/报春花科珍珠菜属　类型/多年生草本　原产地/原种原产欧洲　株高/50～80厘米 花期/5～7月

【叶部特征】单叶对生，卵形或阔卵形，大小约1厘米。3～11月叶色金黄，低温时为暗红色。**【生长习性】**管理粗放，喜光，耐阴，在强光下长势最好，但在半阴或全阴的环境也能正常生长。耐寒，不耐热，生长适温15～25℃。耐旱，不耐涝。不择土壤，适合在微酸性（pH6～7）土壤中生长。**【园林应用】**广泛用作园林色块、绿化隔离带及地被植物。

3 紫花丹

Plumbago indica

别名/紫花藤、紫雪花、红雪花　科属/白花丹科白花丹属　原产地/东南亚　类型/多年生常绿草本　株高/0.5～2米　花期/5～11月

【叶部特征】叶硬纸质，狭卵形、狭椭圆状卵形或近狭椭圆形，叶缘绿色，叶心红色。**【生长习性】**喜富含有机质的沙质壤土，全日照、半日照均可，春、夏季每1～2个月施肥1次。早春或花后修剪整形，老化植株应强剪。喜高温，生长适温23～32℃。冬季休眠，12℃以下需防寒害。**【园林应用】**用于庭园美化、缘栽、花坛或盆栽。

1 紫叶大车前
Plantago major 'Purpurea'

别名/紫叶车前　科属/车前科车前属　原产地/原种原产欧亚大陆温带及寒温带地区　类型/二年生或多年生草本　株高/30厘米　花期/5～6月

【叶部特征】 叶基生莲座状，宽卵形至宽椭圆形，紫黑色或紫红色，秋季转为栗红色，有光泽；边缘波状，疏生不规则齿；脉5～7条。**【生长习性】** 喜光，喜湿润，耐寒，耐旱，耐湿，对土壤要求不严。**【园林应用】** 优良耐阴地被植物，适用于镶边、边缘前方、假山或容器中。

2 花叶大车前
Plantago major 'Variegata'

别名/花叶车前　科属/车前科车前属　原产地/原种原产欧亚大陆温带及寒温带地区　类型/二年生或多年生草本　株高/30厘米　花期/5～6月

【叶部特征】 叶基生莲座状，宽卵形至宽椭圆形，具白色或淡黄色斑纹；边缘波状，疏生不规则齿；脉5～7条。**【生长习性】** 同紫叶大车前。**【园林应用】** 同紫叶大车前。

1 银瀑银叶马蹄金

Dichondra argentea 'Silver Falls'

别名/银瀑马蹄金　科属/旋花科马蹄金属　原产地/原种原产欧洲　类型/一年生草本　株高/0.9～1.2米　花期/5～6月

【叶部特征】茎密被白色绵毛，叶圆扇形，叶面微被毛，呈银色。**【生长习性】**喜排水良好土壤，耐热，抗旱，分枝佳，不用摘心。喜温暖、湿润气候。**【园林应用】**呈瀑布状生长，可作组合盆栽或吊篮栽培，也可作地被。

2 马蹄金

Dichondra micrantha

别名/广金钱草、金钱草、假花生、马蹄草、银蹄草、落地金钱、铜钱草　科属/旋花科马蹄金属　原产地/热带、亚热带地区　类型/多年生匍匐小草本　株高/5～15厘米　花期/4月

【叶部特征】叶肾形或圆形，先端圆或微缺，基部心形，上面被微毛，下面被平伏短柔毛，叶灰白色。**【生长习性】**喜温暖、湿润气候，对土壤要求严，只要排水条件适中，在沙壤土和黏土上均可生长。耐阴，生命力旺盛，而且具有一定的耐践踏能力，多集群生长，抗病、抗污染能力强。**【园林应用】**一种优良的草坪草及地被绿化材料，堪称"绿色地毯"，适用于公园、机关、庭园绿地等，也可用于沟坡、堤坡、路边等固土材料。

1
2
3
4

1 金叶裂叶甘薯
Ipomoea batatas 'Marguerite'

别名/玛格丽特甘薯　科属/旋花科番薯属　原产地/原种原产热带亚热带地区　类型/多年生草本　株高/60厘米　花期/9 ~ 11月

【叶部特征】叶互生，心形，边缘有浅裂，全缘，叶片金黄色。**【生长习性】**喜光，喜高温，性强健，耐阴，生长适温20 ~ 28℃。**【园林应用】**常作为地被栽植或悬挂容器式栽培。适用于室内外花坛进行色块布置，尤其是与绿色地被、花境等。

2 紫叶甘薯
Ipomoea batatas 'Purpurea'

科属/旋花科番薯属　原产地/原种原产热带亚热带地区　类型/多年生草本　株高/1.2 ~ 3米　花期/10 ~ 11月

【叶部特征】叶互生，心形，全缘，叶片紫色，叶脉叶背紫色。**【生长习性】**同金叶裂叶甘薯。**【园林应用】**同金叶裂叶甘薯。

3 卡罗琳甜心紫叶甘薯
Ipomoea batatas 'Sweet Caroline Sweetheart Purple'

科属/旋花科番薯属属　原产地/原种原产热带亚热带地区　类型/多年生草本　株高/2.4米　花期/10 ~ 11月

【叶部特征】叶互生，心形，全缘，叶片紫色，叶脉叶背紫色。**【生长习性】**同金叶裂叶甘薯。**【园林应用】**同金叶裂叶甘薯。

4 金叶甘薯
Ipomoea batatas 'Tainon'

别名/玛格丽特甘薯　科属/旋花科番薯属　原产地/原种原产热带亚热带地区　类型/多年生草本　株高/1.2 ~ 3米　花期/10 ~ 11月

【叶部特征】叶互生，心形，边缘有浅裂，全缘，叶片金黄色。**【生长习性】**同金叶裂叶甘薯。**【园林应用】**同金叶裂叶甘薯。

1 隆林报春苣苔
Primulina lunglinensi

别名/隆林唇柱苣苔　科属/苦苣苔科报春苣苔属　原产地/巴西　类型/ 多年生肉质草本　株高/10 ～ 15厘米　花期/6月

【叶部特征】叶基生，纸质，椭圆状卵形、椭圆形或卵形，边缘有浅钝齿或小牙齿，叶柄扁，叶表密生厚实的白色茸毛。**【生长习性】**喜湿润，土壤中性至弱碱性，要求较强散射光。**【园林应用】**常作盆栽观赏。

2 断崖女王
Sinningia leucotricha

别名/巴西薄雪草、月之宴、银灰块茎苣苔　科属/苦苣苔科大岩桐属　原产地/巴西　类型/多年生常绿草本　适生区域/巴西　株高/30厘米　花期/6月

【叶部特征】叶片生于枝条上部，椭圆形，对生，先端尖，绿色，叶片和幼茎的表面密生短小白毛，白毛光滑，有光泽。**【生长习性】**喜温暖干燥和阳光充足的环境，耐干旱，怕积水，不耐寒，要求有较大的昼夜温差。**【园林应用】**常作盆栽观赏。

3 红网纹草
Fittonia albivenis 'Pearcei'

别名/红费通花、红网目草、费丽草　科属/爵床科单网纹草属　原产地/原种原产秘鲁　类型/多年生常绿草本　株高/5 ～ 20厘米　花期/4 ～ 6月

【叶部特征】茎呈匍匐状，叶柄与茎上有茸毛；叶十字对生，卵形或椭圆形，翠绿色，网状叶脉红色。**【生长习性】**喜高温多湿和半阴环境，以散射光为好，忌直射光，喜富含腐殖质的沙质壤土，畏冷，怕旱，忌干燥，也怕积水。**【园林应用】**特别适合作小型盆栽观赏。

4 白网纹草
Fittonia albivenis var. *argyroneura*

别名/银网纹草、姬网纹草　科属/爵床科单网纹草属　原产地/原种原产秘鲁　类型/多年生常绿草本　株高/5 ～ 20厘米　花期/4 ～ 6月

【叶部特征】茎呈匍匐状，叶柄与茎上有茸毛；叶十字对生，卵形或椭圆形，翠绿色，网状叶脉白色。**【生长习性】**同红网纹草。**【园林应用】**同红网纹草。

1
2
3
4

1 黄绿彩叶木
Graptophyllum pictum‘Grenada Yellow’

科属/爵床科紫叶属　原产地/原种原产新几内亚　类型/多年生常绿草本　株高/50～80厘米　花期/4～6月

【叶部特征】叶对生，长椭圆形，先端尖，基部楔形，叶缘波浪状。叶绿色，沿中脉镶嵌不规则黄色斑块。**【生长习性】**喜光，喜湿润，耐阴，喜疏松、肥沃、排水良好的微酸性壤土。生长适温22～30℃。需定期修剪。**【园林应用】**常作盆栽、树篱，也可用于路边、水岸边栽培。

2 粉斑彩叶木
Graptophyllum pictum‘Rosea Variegata’

科属/爵床科紫叶属　原产地/原种原产新几内亚　类型/多年生常绿草本　株高/50～80厘米　花期/4～6月

【叶部特征】叶对生，长椭圆形，先端尖，基部楔形，叶缘波浪状。叶绿色，具粉红色斑点。**【生长习性】**同黄绿彩叶木。**【园林应用】**同黄绿彩叶木。

3 嫣红蔓
Hypoestes phyllostachya

别名/红点草、粉斑枪刀药、溅红草、星点鲫鱼胆　科属/爵床科枪刀药属　原产地/马达加斯加　类型/多年生常绿草本，矮灌木状或亚灌木　株高/4～7米　花期/2～4月

【叶部特征】叶对生，卵形至长卵形，全缘，叶橄榄绿，上面布满红色、粉红色或白色斑点。**【生长习性】**喜温暖、湿润及半阴环境，不耐寒，忌强光，适合在土层深厚、富含腐殖质且排水良好的微酸性土壤中栽植，生长适温20～30℃。**【园林应用】**常作盆栽观赏，也可布置树池、花坛。

4 白点嫣红蔓
Hypoestes phyllostachya‘Splash Select White’

科属/爵床科枪刀药属　原产地/原种原产马达加斯加　类型/多年生常绿草本或亚灌木　株高/10～15厘米　花期/2～4月

【叶部特征】叶对生，卵形至长卵形，全缘，叶面呈橄榄绿，叶面布满白色碎斑。**【生长习性】**同嫣红蔓，但要注意光线过暗，斑点易消失。**【园林应用】**同嫣红蔓。

1 银脉芦莉草
Ruellia makoyana

别名/银道草、紫心草、马可芦莉、银道芦莉　科属/爵床科芦莉草属　原产地/巴西　类型/多年生草本　株高/15 ~ 30厘米　花期/6 ~ 8月

【叶部特征】叶对生，长卵形，先端钝尖，全缘。叶面绿褐色，羽脉银灰色，叶背紫红色。**【生长习性】**喜温暖、湿润和半阴环境，忌强光直射。喜排水良好的腐殖土或沙壤土，生长适温20 ~ 30℃，冬季应放置于温暖避风处。**【园林应用】**常作庭园阴地绿化，可用于温室或玻璃覆盖的走廊，也可盆栽。

2 多花筋骨草
Ajuga multiflora

科属/唇形科筋骨草属　原产地/美国　类型/多年生草本　株高/6 ~ 20厘米　花期/4 ~ 5月

【叶部特征】叶椭圆状长圆形或椭圆状卵形，基部楔形下延，抱茎，具浅波状齿或波状圆齿，具缘毛，上面密被、下面疏被糙伏毛，叶绿中带紫，入秋后变为紫红色。**【生长习性】**喜湿润气候，在酸性、中性土壤中生长良好，耐涝，耐旱，耐半阴，耐暴晒，抗逆性强，生长强健。**【园林应用】**常绿观叶、观花地被植物，可用于布置花坛，或片植于林下、湿地、建筑物阴面或高大建筑物密集地。

1
2

3

1 高级海德科特狭叶薰衣草

Lavandula angustifolia ‘Hidcote Superior’

科属/唇形科薰衣草属　原产地/原种原产地中海西部地区　类型/多年生草本
株高/30 ～ 45厘米　花期/7 ～ 8月

【叶部特征】全株密被白色星状茸毛，叶呈灰绿色，叶披针形至线形，长1.7厘米，宽2毫米。**【生长习性】**喜光，可在干燥到中等、排水良好、碱性土壤中生长，在春天新叶出现后修剪成型。耐寒，耐旱，耐热性差。**【园林应用】**香气比狭叶薰衣草浓，可用于岩石花园、草本花园或芳香花园。在某些地区作为边缘或低矮的树篱；作薰衣草专类园。

2 宽叶薰衣草

Lavandula latifolia

别名/阔叶薰衣草　科属/唇形科薰衣草属　原产地/欧洲南部及地中海地区
类型/多年生草本　株高/50 ～ 70厘米　花期/6 ～ 7月

【叶部特征】全株被白色茸毛，叶在基部丛生，上部极稀疏，叶披针形或至线形，长2 ～ 4厘米，宽2 ～ 5毫米，两面均被小而密的星状茸毛，叶灰绿色。**【生长习性】**同高级海德科特狭叶薰衣草。**【园林应用】**同高级海德科特狭叶薰衣草。

3 香蜂花

Melissa officinalis

别名/香蜂草、吸毒草、蜜蜂花、柠檬香蜂草　科属/唇形科蜜蜂花属　原产地/俄罗斯、伊朗至地中海及大西洋沿岸　类型/多年生草本　株高/50 ～ 80厘米
花期/6 ～ 8月

【叶部特征】叶具柄，柄纤细，被长柔毛，卵圆形，边缘具齿，近膜质或草质，叶面绿色，叶背紫蓝色，两面具毛。**【生长习性】**喜光，但忌阳光直射。喜温暖、湿润气候，耐热，耐寒。在我国华北地区露地稍加培土护根，就可安全越冬。对土壤要求不严格，喜肥沃、疏松、排水良好的沙壤土。较耐干旱，不耐涝。较耐肥，能耐轻度盐碱。**【园林应用】**典型的芳香植物和蜜源植物，可应用于花境、花坛或芳香植物专类园、城市绿地、森林公园、植物园等。

1 花叶薄荷

Mentha suaveolens 'Variegata'

别名/凤梨薄荷　科属/唇形科薄荷属　原产地/原种原产中欧　类型/多年生草本　株高/30 ～ 80厘米　花期/7 ～ 8月

【叶部特征】叶对生，椭圆形至圆形，深绿色，叶缘具乳白色斑块。**【生长习性】**适应性较强，喜光，喜湿润，耐寒，生长适温20 ～ 30℃，现蕾开花期要求光照充足和干燥天气，喜中性土壤，喜肥，尤以氮肥为主，忌连作。**【园林应用】**可作花境材料或盆栽观赏，也可用作地被植物。

2 紫罗勒

Ocimum basilicum 'Purple Ruffles'

别名/紫红罗勒、紫叶九层塔　科属/唇形科罗勒属　原产地/原种原产亚洲热带及非洲　类型/一年生草本　株高/20 ～ 40厘米　花期/5 ～ 9月

【叶部特征】全株暗紫红色。叶对生，卵形或长椭圆形，叶面微皱，叶缘有不规则锯齿状浅裂，叶黑紫色，背面紫色。**【生长习性】**春至夏季采用播种法进行繁殖培育，栽培土质以排水良好、日照充足、通风良好的沙质壤土或土质深厚的壤土为宜。**【园林应用】**叶片可食用或冲泡花草茶，可用于庭园绿化或花坛，也可用作盆栽观赏。

3 紫叶紫苏

Perilla frutescens 'Atropurpurea'

科属/唇形科紫苏属　原产地/原种原产亚洲热带及非洲　类型/一年生草本　株高/1米　花期/8 ～ 11月

【叶部特征】叶阔卵形或圆形先端短尖或突尖，侧脉7 ～ 8对，位于下部者稍靠近，斜上升。叶有绿色或紫色或仅背面紫色。**【生长习性】**适应性强，对土壤要求不严，在排水较好的沙壤土、壤土、黏土上均能生长，土壤pH 6.0 ～ 6.5。较耐高温，生长适温25℃。**【园林应用】**多用于花坛布景，或作为大色块的选材，也常作盆栽。

1 皱叶紫苏
Perilla frutescens var. *crispa*

别名/回回苏　科属/唇形科紫苏属　原产地/原种原产亚洲热带及非洲　类型/一年生草本　株高/30～60厘米　花期/8～11月

【叶部特征】叶对生，紫红或红铜色，宽卵至卵圆形，叶缘有深锯齿，起皱，叶脉纹理明显。**【生长习性】**不耐寒，喜向阳或半向阳环境，若长期处于荫蔽环境叶片会褪色。**【园林应用】**用于花坛、花境或香料园。

2 斑叶香妃草
Plectranthus glabratus 'Marginatus'

别名/香妃草、香茶菜　科属/唇形科马刺花属　原产地/原种原产欧洲　类型/多年生常绿草本　株高/60～90厘米　花期/8～10月

【叶部特征】叶卵形或倒卵形，厚革质；叶缘具疏齿，白色。**【生长习性】**喜温暖，不耐寒冷。喜疏松、排水性良好的土壤。**【园林应用】**常作盆栽观赏。

3 碰碰香
Plectranthus hadiensis

别名/一抹香、楚留香、茸毛香茶菜　科属/唇形科马刺花属　原产地/非洲好望角、欧洲及西南亚洲　类型/多年生常绿草本　株高/30厘米　花期/2～3月及9～10月

【叶部特征】全株被有细密的白色茸毛，叶绿色，卵形。**【生长习性】**喜光，全年可全日照培养，也较耐阴。喜温暖，怕寒冷，越冬温度需0℃以上。喜疏松、排水良好的土壤，不耐水湿。**【园林应用】**常作盆栽观赏。

1
1

2

1 彩叶草

Plectranthus scutellarioides

别名/锦紫苏、洋紫苏、五色草、五彩苏　科属/唇形科马刺花属　原产地/亚洲、非洲、大洋洲的热带及亚热带地区　类型/多年生草本　株高/45 ～ 90厘米　花期/8 ～ 9月

【叶部特征】叶卵圆形，先端钝至短渐尖，基部宽楔形至圆形，边缘具圆齿，叶面有大红、褐红、淡黄、橙黄、黄绿、紫、褐、紫红、深绿等色，同一叶片有混杂两种或三种颜色以及各种彩色斑纹，常呈镶边或不规则排列，层次分明，叶色还会随气候变化、光照不同而改变。**【生长习性】**喜光，适应性强，冬季温度不低于10℃，夏季高温时需稍加遮阴。喜排水良好土壤。**【园林应用】**除可作小型观叶花卉陈设外，还可配植图案花坛，也可作花篮、花束的配叶使用。

2 莱姆彩叶草

Plectranthus 'Life Lime'

科属/唇形科马刺花属　原产地/原种原产亚洲、非洲、大洋洲的热带及亚热带地区　类型/多年生草本　株高/70 ～ 120厘米　花期/8 ～ 9月

【叶部特征】叶卵圆形，先端钝至短渐尖，基部宽楔形至圆形，边缘具圆齿，叶黄绿色。**【生长习性】**同彩叶草。**【园林应用】**同彩叶草。

1 梅洛彩叶草
Plectranthus 'Merlot'

科属/唇形科马刺花属　原产地/原种原产亚洲、非洲、大洋洲的热带及亚热带地区　类型/多年生草本　株高/45～90厘米　花期/8～9月

【叶部特征】叶卵圆形，先端钝至短渐尖，基部宽楔形至圆形，叶片紫红色，边缘具圆齿，叶呈黄色。**【生长习性】**同彩叶草。**【园林应用】**同彩叶草。

2 红头彩叶草
Plectranthus 'Red Head'

科属/唇形科马刺花属　原产地/原种原产亚洲、非洲、大洋洲的热带及亚热带地区　类型/多年生草本　株高/45～90厘米　花期/8～9月

【叶部特征】叶卵圆形，先端钝至短渐尖，基部宽楔形至圆形，边缘具圆齿，叶大红色，有少量金色裂纹。**【生长习性】**同彩叶草。**【园林应用】**同彩叶草。

3 橘黄彩叶草
Plectranthus 'Rustic Orange'

科属/唇形科马刺花属　原产地/原种原产亚洲、非洲、大洋洲的热带及亚热带地区　类型/多年生草本　株高/45～90厘米　花期/8～9月

【叶部特征】叶卵圆形，先端钝至短渐尖，基部宽楔形至圆形，边缘具圆齿，叶橘黄色，叶缘黄色。**【生长习性】**同彩叶草。**【园林应用】**同彩叶草。

2
2
1
2

1 绵毛水苏
Stachys byzantina

别名/毛草石蚕　科属/唇形科水苏属　原产地/高加索地区至伊朗　类型/多年生常绿草本　株高/30～50厘米　花期/7月

【叶部特征】叶椭圆形，两端渐狭，边缘具小圆齿，质厚，两面均密被灰白色丝状绵毛，侧脉不明显；叶柄近于扁平，密被灰白色丝状绵毛，基部半抱茎；苞叶近于无柄，细小。**【生长习性】**喜光，耐寒，最低可耐−29℃低温。**【园林应用】**可用于花境、岩石园、庭园观赏。

2 玫瑰皇冠
Echinodorus 'Rose'

科属/泽泻科刺果泽泻属　原产地/地中海及西班牙　类型/多年生挺水草本　株高/40厘米　花期/罕见

【叶部特征】水中叶与水上叶相同，均呈卵形，老叶暗绿色，新叶淡红色至紫红色。**【生长习性】**喜光，喜肥。耐药性较差，较容易受到除藻剂的不良影响。**【园林应用】**适合新手栽培，适合布置在大型水族缸中作为主景水草。

1
2
3

1 重扇
Callisia navicularis

别名/叠叶草、密叶紫背万年青　科属/鸭跖草科锦竹草属　原产地/墨西哥东北部　类型/多年生常绿肉质草本　株高/10厘米　花期/8～9月

【叶部特征】叶三角状船形，上下叶常重叠，正面灰绿色、背面略呈紫色，长1～2厘米，密被细毛，叶缘有睫毛状纤毛。**【生长习性】**喜温暖、湿润和半阴环境，不耐寒，忌烈日暴晒，冬季低温休眠。生长适温18～25℃，冬季不低于10℃。**【园林应用】**常作室内小型盆栽。

2 银毛冠
Cyanotis somaliensis

别名/长毛鸭跖草　科属/鸭跖草科银毛冠属　原产地/索马里　类型/多年生常绿肉质草本　株高/15～30厘米　花期/6～8月

【叶部特征】叶被稠密短毛，叶短披针形，叶缘有睫毛状纤毛。叶绿色，叶缘粉红色。**【生长习性】**喜空气湿度高和阳光柔和的环境。**【园林应用】**室内观叶植物，热带地区可作为地被植物使用，还可用于吊挂盆栽观赏。

3 紫叶鸭跖草
Tradescantia pallida ‘Purple Heart’

别名/紫锦草、紫叶草、紫竹梅　科属/鸭跖草科紫露草属　原产地/墨西哥　类型/多年生常绿肉质草本　株高/20～30厘米　花期/5～11月

【叶部特征】单叶互生，叶长椭圆形，卷曲，先端渐尖，基部抱茎，无柄。叶紫色，具白色短茸毛。**【生长习性】**喜温暖、湿润及半阴环境，不耐寒，忌阳光暴晒，生长适温20～30℃，夜间温度10～18℃生长良好，冬季不低于10℃。耐干旱，对土壤要求不严，喜肥沃、湿润壤土。**【园林应用】**可用于庭园的花坛或作镶边植物；或植于石墙的缝隙中用于立体绿化；适合与其他彩叶植物配植营造不同色块景观；也可盆栽观赏。

1 白雪姬
Tradescantia sillamontana

别名/雪娟、白娟草、白毛姬　科属/鸭跖草科紫露草属　原产地/墨西哥　类型/多年生常绿草本　株高/15 ～ 20厘米　花期/6 ～ 8月

【叶部特征】整株被浓密白色长毛，叶互生，绿色或褐绿色，稍具肉质，长卵形。叶面绿色，叶背紫色。**【生长习性】**喜温暖、湿润的环境和柔和的阳光，耐半阴和干旱，不耐寒，忌烈日曝晒和盆土积水。**【园林应用】**常作小型盆栽。

2 紫背万年青
Tradescantia spathacea

别名/蚌花、紫锦兰、紫万年青　科属/鸭跖草科紫露草属　原产地/墨西哥和西印度群岛　类型/多年生常绿草本　株高/60厘米　花期/5 ～ 7月

【叶部特征】叶互生，长圆状披针形，无毛，无柄，叶鞘有时有长柔毛。叶面深绿色，背面紫色。**【生长习性】**属中性植物，性强健，喜光，耐阴，耐热，不耐寒，耐瘠，不择土壤，生长适温20 ～ 30℃。**【园林应用】**常应用于草地中、园路边、林缘或疏林下成片种植；或与其他观叶植物配植打造不同色块；也可植于庭园的路边、墙下等处；盆栽可用于阳台、天台等处绿化。

3 小蚌兰
Tradescantia spathacea ‘Compacta’

科属/鸭跖草科紫露草属　原产地/原种原产墨西哥和西印度群岛　类型/多年生常绿草本　株高/30厘米　花期/5 ～ 7月

【叶部特征】叶基生，密集覆瓦状，无柄。叶片披针形或舌状披针形，先端渐尖，基部扩大成鞘状抱茎，荫蔽处叶面呈淡绿色，叶背淡紫红色，强光下叶面渐变为红色，叶背紫红色。**【生长习性】**同紫背万年青。**【园林应用】**同紫背万年青。

1
2

3

鸭跖草科

1 条纹小蚌花

Tradescantia spathacea 'Dwarf Variegata'

别名/条纹小蚌兰、矮三色蚌兰　科属/鸭跖草科紫露草属　原产地/原种原产墨西哥和西印度群岛　类型/多年生常绿草本　株高/30厘米　花期/5～7月

【叶部特征】叶基生，密集覆瓦状，无柄。叶片披针形或舌状披针形，先端渐尖，基部扩大成鞘状抱茎。叶面具黄白色纵条纹，叶背面红色。**【生长习性】**同紫背万年青。**【园林应用】**同紫背万年青。

2 三色蚌兰

Tradescantia spathacea 'Tricolor'

别名/三色紫背万年青、蚌兰锦　科属/鸭跖草科紫露草属　原产地/原种原产墨西哥和西印度群岛　类型/多年生常绿草本　株高/60厘米　花期/5～7月

【叶部特征】叶互生，长圆状披针形，无毛，无柄，叶鞘有时口部有长柔毛；叶面绿色，有粉色和白色的条纹，叶背紫色。**【栽培要点】**同紫背万年青。**【园林应用】**同紫背万年青。

3 吊竹梅

Tradescantia zebrina

别名/吊竹草、条纹紫露草、紫罗兰　科属/鸭跖草科紫露草属　原产地/墨西哥　类型/多年生常绿肉质草本　株高/15～22厘米　花期/7～8月

【叶部特征】叶长卵形，互生，先端尖，基部钝，叶面光滑。叶蓝绿色，背面微带紫色，具2条银色宽带。**【生长习性】**喜温暖及阳光充足的环境，也耐阴，耐热，不耐寒，忌水湿，喜排水良好的沙质土壤，生长适温18～30℃。**【园林应用】**适合荫蔽的园路边、山石或滨水的池边种植观赏；或用于疏林下作地被植物；盆栽也可用于棚架、廊架悬挂栽培打造立体景观。

1
2
3

1 宽叶尾序光萼荷
Aechmea caudata

别名/尾花光萼荷　科属/凤梨科光萼荷属　原产地/中美洲和南美洲的热带和亚热带地区　类型/多年生附生常绿草本　株高/1米　花期/8～9月

【叶部特征】叶基部相互套叠成筒状，叶宽带状，叶具黄白色条纹。**【生长习性】**喜温暖、湿润环境，喜光，也耐阴。**【园林应用】**常作盆栽观赏。

2 美叶光萼荷
Aechmea fasciata

别名/美叶尖萼荷、粉菠萝、蜻蜓凤梨、粉叶珊瑚凤梨　科属/凤梨科光萼荷属　原产地/中美洲和南美洲的热带和亚热带地区　类型/多年生附生常绿草本　株高/30～90厘米　花期/11月至翌年1月

【叶部特征】莲座状叶片有虎纹状银白色横纹，叶片相互套叠成筒状。**【生长习性】**喜温暖、湿润气候，光照充足才能正常开花并且叶色美丽。喜中性或微酸性沙壤土，可混合腐叶土或泥炭土。**【园林应用】**常作盆栽用于美化居室、布置厅堂；也可作地被植物；还是一种很好的边缘植物。

3 瓶刷光萼荷
Aechmea gamosepala

别名/紫色火柴棒、合萼光萼荷　科属/凤梨科光萼荷属　原产地/中美洲和南美洲的热带和亚热带地区　类型/多年生附生常绿草本　株高/30厘米　花期/6～8月

【叶部特征】深绿色的革质叶片层层叠叠围合成杯状贮水中心，叶缘具宽的白色条带。**【生长习性】**喜明亮散射光，喜湿，喜排水良好的微酸性沙壤土。**【园林应用】**常作盆栽观赏。

凤梨科

1 鲁氏珊瑚凤梨

Aechmea lueddemanniana

别名/露氏光萼荷、亮绿凤梨、铜叶珊瑚凤梨　科属/凤梨科光萼荷属　原产地/墨西哥、洪都拉斯　类型/多年生附生常绿草本　株高/25 ～ 45厘米　花期/3 ～ 7月

【叶部特征】深绿色的革质叶片层层叠叠围合成杯状贮水中心，叶缘具宽的白色条带，叶子表面的颜色会随着光线和温度的变化而变化，可以是绿色、古铜色和深紫色。**【生长习性】**同瓶刷光萼荷。**【园林应用】**同瓶刷光萼荷。

2 凤梨

Ananas comosus

别名/菠萝、露兜子　科属/凤梨科凤梨属　原产地/美洲热带地区　类型/多年生常绿草本　株高/0.9 ～ 1.2米　花期/6 ～ 12月

【叶部特征】叶多数，莲座式排列，剑形，先端渐尖，全缘或有锐齿，上面绿色，下面粉绿色，边缘和先端常带褐红色；生于花序顶部的叶小，常红色。**【生长习性】**耐阴，喜充足散射光，忌直射光，适于酸性或微酸性的沙壤土。**【园林应用】**鲜食或加工，也可盆栽观赏。

3 金边艳凤梨

Ananas comosus 'Marginata'

别名/艳凤梨　科属/凤梨科凤梨属　原产地/原种原产热带美洲　类型/多年生常绿草本　株高/0.9 ～ 1.2 米　花期/6 ～ 12月

【叶部特征】叶莲座状排列，叶片剑形，叶质硬，稍弯曲，叶中间绿色、两边呈金黄色，叶尖及叶缘着生有粉红色钩刺。**【生长习性】**喜强光、湿热、排水通风良好的环境，生长适温29 ～ 31℃，适于酸性或微酸性的沙壤土。**【园林应用】**可作盆栽观赏。

1
2

3

凤梨科

1 可爱水塔花
Billbergia amoena

别名/愉悦水塔花、华丽水塔花　科属/凤梨科水塔花属　原产地/热带美洲　类型/多年生常绿草本　株高/30 ~ 45厘米　花期/6 ~ 10月

【叶部特征】叶阔披针形，绿色，叶背被白粉，并形成横带斑纹。**【生长习性】**同水塔花。**【园林应用】**同水塔花。

2 水塔花
Billbergia pyramidalis

别名/火焰凤梨、比尔见亚　科属/凤梨科水塔花属　原产地/热带美洲　类型/多年生常绿草本　株高/40 ~ 50厘米　花期/11月至翌年3月

【叶部特征】叶阔披针形，急尖，边缘有细锯齿，硬革质，鲜绿色，表面有厚角质层和吸收鳞片。穗状花序直立，高出叶丛，苞片粉红色。**【生长习性】**喜温暖、湿润和半阴环境，不耐寒，稍耐旱，忌强光直射，生长适温20 ~ 28℃。对土质要求不高，以含腐殖质丰富、排水透气良好的微酸性沙壤土为好。**【园林应用】**可作盆栽观赏。

3 白边水塔花
Billbergia pyramidalis 'Kyoto'

别名/银边水塔花　科属/凤梨科水塔花属　原产地/原种原产热带美洲　类型/多年生常绿草本　株高/30 ~ 60厘米　花期/6 ~ 10月

【叶部特征】叶阔披针形，革质，叶边缘白色。**【生长习性】**同水塔花。**【园林应用】**同水塔花。

1
2

3

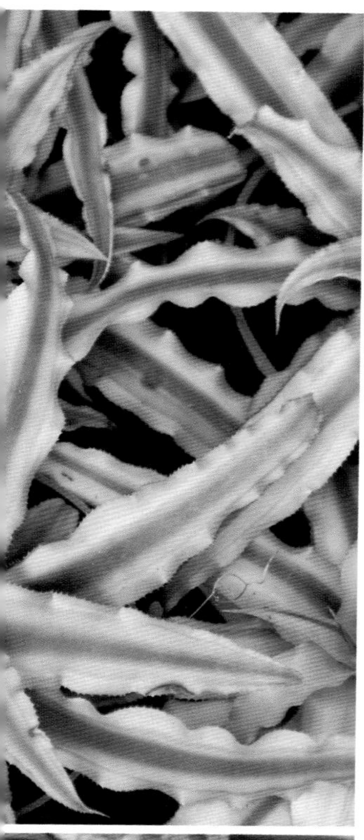

凤梨科

1 姬凤梨
Cryptanthus acaulis

别名/海星花　科属/凤梨科姬凤梨属　原产地/巴西东南部
类型/多年生常绿草本　株高/15厘米　花期/6～10月

【叶部特征】叶片从根茎处呈旋叠状排列，坚硬，叶背有白色磷状物。**【生长习性】**喜温暖、适度干燥和有散射光的环境，耐旱，能耐30℃的高温，5℃以上的低温环境短时也能忍受，具有较强的适应能力。**【园林应用】**常用于热带雨林水陆缸造景或作室内盆栽。

2 双带姬凤梨
Cryptanthus bivittatus

别名/绒叶小凤梨、云纹姬凤梨、二色姬凤梨　科属/凤梨科姬凤梨属　原产地/巴西　类型/多年生常绿草本　株高/5～6厘米
花期/6～10月

【叶部特征】叶面红褐色，具两条白色纵向条纹，直通叶尖，叶背覆盖鳞毛，深褐色。**【生长习性】**喜光，喜温暖、湿润气候，生长适温22～30℃。**【园林应用】**常用于热带雨林水陆缸造景或作室内盆栽。

3 玫红绒叶小凤梨
Cryptanthus bivittatus 'Minor'

别名/玫红姬凤梨　科属/凤梨科姬凤梨属　原产地/原种原产巴西
类型/多年生常绿草本　株高/5～7厘米　花期/6～10月

【叶部特征】叶玫红色，有不规则的暗绿色斑纹。**【生长习性】**由于本种根浅，应用腐叶土、树蕨碎片等配成的培养土。生长期内每月施1～2次复合薄肥，经常保持盆土湿润。应放室内光线明亮处莳养，避免阳光直射。冬季多见些阳光，夏季经常喷雾，以利叶色鲜艳。冬季室温需保持在10℃左右。**【园林应用】**流行的小型观叶植物珍品之一，适合作盆栽摆放在书桌、茶几上观赏。

1 大绒叶姬凤梨
Cryptanthus bivittatus var. *luddemannii*

别名/鲁氏双带姬凤梨　科属/凤梨科姬凤梨属　原产地/原种原产巴西　类型/多年生常绿草本　株高/15厘米　花期/6～10月

【叶部特征】全叶呈粉红色，叶缘及叶中肋具深色纵条纹。**【生长习性】**同双带姬凤梨。**【园林应用】**同双带姬凤梨。

2 虎斑姬凤梨
Cryptanthus zonatus

别名/斑叶凤梨、虎斑小凤梨、环带姬凤梨　科属/凤梨科姬凤梨属　原产地/巴西　类型/多年生常绿草本　株高/50厘米　花期/6～10月

【叶部特征】全叶呈紫红色，波浪状、锯齿状、带状，叶缘及中肋具深色纵条纹。**【生长习性】**同双带姬凤梨。**【园林应用】**同双带姬凤梨。

3 洛仑兹刺垫凤梨
Deuterocohnia lotteae

别名/刺垫凤梨　科属/凤梨科刺垫凤梨属　原产地/阿根廷安第斯的高海拔干燥地区　类型/多年生常绿草本　花期/1～3月

【叶部特征】由宽3厘米的三角形硬质叶组成，边缘光滑，但末端具刺尖。叶缘具粉红色皮刺，叶粉红色，中肋具褐色和白色纵条纹。**【生长习性】**在阳光充足至半阴环境中种植，耐旱，需水量低，耐寒（−7℃）。**【园林应用】**常作盆栽观赏。

1
2
3

1 银白叶雀舌兰

Dyckia marnier-lapostollei

别名/硬叶狄克凤梨、银白硬叶凤梨　科属/凤梨科雀舌兰属　原产地/阿根廷安第斯的高海拔干燥地区　类型/多年生常绿草本　株高/15～30厘米　花期/6～8月

【叶部特征】叶向下扭曲，长达20厘米，灰绿色，叶缘有锯齿，叶灰白色。**【生长习性】**较耐寒（-5℃），喜排水良好的土壤，喜温暖、阳光充足、通风良好和春夏湿润、秋冬略干燥的生长环境，忌霜害与积涝。**【园林应用】**常作盆栽观赏，也可点缀于岩石园。

2 斑叶小红星

Guzmania lingulata 'Variegata'

科属/凤梨科果子蔓属　原产地/原种原产哥伦比亚、厄瓜多尔　类型/多年生常绿草本　株高/50厘米　花期/3～8月

【叶部特征】叶长带状，茎生，莲座式排列，浅绿色，薄而光亮，叶缘黄色。**【生长习性】**喜温暖、温润气候，喜光，耐阴，喜疏松、透气、排水良好的偏酸性土壤，生长适温21～28℃。**【园林应用】**盆栽除点缀窗台、阳台和客厅以外，还可装饰小庭园和入口处，常用作在大型插花和花展的装饰材料。

3 彩叶凤梨

Neoregelia carolinae

别名/五彩凤梨、美艳凤梨、赪凤梨　科属/凤梨科彩叶凤梨属　原产地/巴西　类型/多年生附生常绿草本　株高/45厘米　花期/3～5月

【叶部特征】叶革质，带状，常基生，莲座状排列，叶缘有锯齿。叶中央具宽乳白色至乳黄色纵纹。**【生长习性】**喜温暖、湿润气候，冬季温度不低于10℃。喜光，怕暴晒，喜肥沃、疏松和排水良好的土壤。**【园林应用】**常应用于酒店、商场等大型场所的植物造景及生态缸、植物墙等立体造景中，可多盆拼装成一定形状或单盆点缀于其他植物之中作色块布置。

1
3
2

1 银边**桢**凤梨

Neoregelia carolinae 'Flandria'

别名/金边五彩赪凤梨、镶边五彩凤梨、金边彩叶凤梨、白缘唇凤梨　科属/凤梨科彩叶凤梨属　原产地/原种原产巴西　类型/多年生附生常绿草本　株高/35 ~ 60厘米　花期/3 ~ 5月

【叶部特征】叶互生，革质，带状，常基生，莲座状排列，叶缘有锯齿，叶缘和叶中央镶嵌黄白色条纹，花期前后，内轮叶下半部呈玫瑰红色。**【生长习性】**同彩叶凤梨。**【园林应用】**同彩叶凤梨。

2 完美彩凤梨

Neoregelia carolinae 'Tricolor Perfecta'

别名/玛氏彩叶凤梨　科属/凤梨科彩叶凤梨属　原产地/原种原产巴西　类型/多年生附生常绿草本　株高/20 ~ 45厘米　花期/3 ~ 5月

【叶部特征】叶互生，革质，带状，常基生，莲座状排列，叶缘有锯齿，叶中间黄色，心叶大部分呈红色，开花前叶片基部呈棕红色。**【生长习性】**同彩叶凤梨。**【园林应用】**同彩叶凤梨。

3 红星凤梨

Neoregelia carolinae 'Meyendorffii'

别名/鸿运当头　科属/凤梨科彩叶凤梨属　原产地/原种原产巴西　类型/多年生附生常绿草本　株高/20 ~ 45厘米　花期/3 ~ 5月

【叶部特征】叶互生，革质，带状，常基生，莲座状排列，叶中央有乳白至乳黄色纵纹，基部丛生成筒状，开花前叶片基部呈红色。**【生长习性】**同彩叶凤梨。**【园林应用】**同彩叶凤梨。

1 三色凤梨

Neoregelia carolinae 'Tricolor'

别名/中斑唇凤梨、三色彩叶凤梨、红心彩叶凤梨 科属/凤梨科彩叶凤梨属 原产地/原种原产巴西 类型/多年生附生常绿草本 株高/25 ~ 30厘米 花期/3 ~ 5月

【叶部特征】叶呈莲座状排列，带状，叶面绿色，中央有纵向的白宽幅斑带，其中夹杂着绿色细条斑，植株若置于明亮场所，叶片泛红晕彩。**【生长习性】**同彩叶凤梨。**【园林应用】**同彩叶凤梨。

2 同心彩叶凤梨

Neoregelia concentrica

科属/凤梨科彩叶凤梨属 原产地/南美热带地区 类型/多年生附生常绿草本 株高/40厘米 花期/3 ~ 5月

【叶部特征】叶呈莲座状排列，带状，叶绿色，有红褐色斑点或斑块，叶缘有黑色短刺，花期植株中心变成鲜艳的紫色。**【生长习性】**同彩叶凤梨。**【园林应用】**同彩叶凤梨。

3 紫花凤梨

Tillandsia cyanea

别名/紫花铁兰、铁兰、紫玉扇 科属/凤梨科铁兰属 原产地/厄瓜多尔雨林地区 类型/多年生常绿草本 株高/30厘米 花期/3 ~ 5月及9 ~ 11月

【叶部特征】叶呈莲座状排列，拱状线形叶，先端尖，全缘，绿色，基部紫褐色。总苞呈扇状，粉红色。**【生长习性】**喜高温、高湿环境，不耐低温与干燥。喜光线充足，生长适温10 ~ 32℃，越冬不低于10℃即可。土壤要求排水良好，可选择疏松、肥沃的沙壤土，并掺入少量腐叶土为好，夏季多浇水。**【园林应用】**常作盆栽观赏。

凤梨科

1 松萝凤梨
Tillandsia usneoides

别名/松萝铁兰、西班牙苔藓铁兰、老人须　科属/凤梨科铁兰属　原产地/美国东南部、智利、阿根廷　类型/多年生常绿草本　株高/6米　花期/春、秋季

【叶部特征】枝叶长成弯弯曲曲的线形，密被银灰色鳞片，蓝绿色。**【生长习性】**喜温暖、高湿、光照充足的环境，也耐干旱，生长适温20～30℃，冬季气温需5℃以上，喜微潮的土壤环境。**【园林应用】**可悬挂于稍荫蔽的阳台、书房内栽培观赏，或悬挂于庭园的树枝上、廊架上观赏。

2 霸王空气凤梨
Tillandsia xerographica

别名/法官头　科属/凤梨科铁兰属　原产地/墨西哥、萨尔瓦多、危地马拉及洪都拉斯　类型/多年生常绿草本　株高/10～15厘米　花期/11月至翌年1月

【叶部特征】叶互生，莲座状排列，叶宽，向下卷曲，银白色。**【生长习性】**喜温暖、高湿、光照充足的环境，也耐干旱，生长适温18～28℃，冬季需气温5℃以上，喜微潮的土壤环境。浇水方式更喜欢频繁的喷雾而不是浸泡，浇水后要将叶间积水去除。**【园林应用】**常作盆栽观赏。

3 虎纹凤梨
Vriesea splendens

别名/红剑凤梨、丽穗凤梨、火剑凤梨　科属/凤梨科花叶兰属　原产地/南美热带地区　类型/多年生常绿草本　株高/50～60厘米　花期/6～8月

【叶部特征】叶莲座状排列，深绿色，全缘，多数具有黑色条纹。**【生长习性】**喜温热、湿润和阳光充足环境。生长适温16～27℃，冬季温度不低于5℃。适生于肥沃、疏松、透气和排水良好的沙壤土中。**【园林应用】**常作室内盆栽，还是极好的插花花材。

1 鹤望兰
Strelitzia reginae

别名/天堂鸟、极乐鸟　科属/芭蕉科鹤望兰属　原产地/非洲南部　类型/多年生常绿草本　株高/2米　花期/11月至翌年1月

【叶部特征】叶长圆状披针形，顶端急尖，叶柄细长，花数朵生于总花梗上，下托一佛焰苞，佛焰苞绿色，边紫红色，萼片橙黄色，花瓣暗蓝色。**【生长习性】**喜温暖、湿润、阳光充足的环境，畏严寒，忌酷热，忌旱，忌涝，喜排水良好的疏松、肥沃、微酸沙壤土。生长适温20～28℃。**【园林应用】**南方公园、花圃有栽培，北方多为温室栽培。可丛植点缀院角、花坛、花境。

2 花叶艳山姜
Alpinia zerumbet 'Variegata'

别名/斑叶月桃　科属/姜科山姜属　原产地/非洲南部　类型/多年生常绿草本　株高/1～2米　花期/4～6月

【叶部特征】叶具鞘，长椭圆形，两端渐尖，叶面以中脉为轴，两侧布有羽状黄色斑纹。**【生长习性】**喜全光照或半阴环境。生长适温22～28℃，在室内种植应放在阳光充足地方，否则片会变成绿色，室外盛夏应稍遮阴。较耐寒，忌霜冻，当温度低于0℃时，植株会受冻害致死。**【园林应用】**常以中小盆种植，摆放在客厅、办公室及厅堂过道等较明亮处。露地栽培时可在公园、庭园等的水池等阴湿地，单丛或成行栽培均可。

3 非洲螺旋旗
Costus lucanusianus

别名/非洲螺旋闭鞘姜　科属/姜科闭鞘姜属　原产地/非洲　类型/多年生宿根草本　株高/1.5～3米　花期/4～6月

【叶部特征】叶螺旋状排列，圆形至披针形，具不规则黄白色条纹，叶鞘封闭。**【生长习性】**喜温暖，喜光，不耐强烈阳光，散射光中生长良好，不耐寒，喜湿润、疏松、富含腐殖质的土壤。**【园林应用】**栽植于花盆内用于室内观赏，或与其他花卉混栽于花坛中。

美人蕉科

1 紫叶美人蕉
Canna indiaca 'America'

别名/红叶美人蕉　科属/美人蕉科美人蕉属　原产地/非洲　类型/多年生宿根草本　花期/7～10月　株高/1.5米

【叶部特征】叶卵状长圆形，顶端渐尖，呈紫色。**【生长习性】**喜温暖和充足的阳光，不耐寒，保持5℃以上即可安全越冬，霜冻后花朵及叶片凋零，对土壤要求不严，适合在疏松肥沃、排水良好的沙土壤中生长，稍耐水湿。**【园林应用】**可用于道路分车带；也可用于公共绿地；还可布置花坛、花径及建筑四周。不仅可盆栽、陆植，还可水培或沼生。

2 金脉美人蕉
Canna × 'Striatus'

别名/花叶美人蕉　科属/美人蕉科美人蕉属　原产地/原种原产南美洲　类型/多年生宿根草本　花期/7～10月　株高/50～120厘米

【叶部特征】叶卵状长圆形，互生，镶嵌有黄色条纹或叶脉呈黄色。**【生长习性】**喜高温、高湿、阳光充足的气候条件，喜深厚肥沃的酸性土壤，可耐半阴，不耐瘠薄，忌干旱，畏寒冷，生长适温23～30℃。**【园林应用】**同紫叶美人蕉。

1
2

3

1 肿节竹芋

Calathea burle-marxii

别名/鱼骨草、肿节肖竹芋　科属/竹芋科肖竹芋属　原产地/巴西　类型/多年生宿根草本　花期/1 ~ 3月　株高/1.2 ~ 1.8米

【叶部特征】叶基生，叶通常阔大，卵形至椭圆形，羽状脉具平行侧脉，叶具暗绿色斑纹。叶柄长，具鞘。**【生长习性】**喜湿和阴凉，喜散射光，避免阳光直射，生长适温18 ~ 24℃。氯和矿物质含量高的水会使叶片变黄掉落，建议使用过滤水、雨水，甚至蒸馏水。喜疏松肥沃、排水良好且富含腐殖质的微酸性土壤。**【园林应用】**适合室内作盆栽观赏，可采用片植、丛植或与其他植物搭配种植在庭园、公园的林荫下或路旁。

2 清秀竹芋

Calathea lancifolia

科属/竹芋科肖竹芋属　原产地/巴西　类型/多年生常绿草本　花期/12月至翌年2月　株高/20 ~ 30厘米

【叶部特征】叶卵圆形或长卵圆形，叶单生，叶脉羽状，主脉两侧具黄绿色散射状条纹，叶背紫红色。**【生长习性】**同肿节竹芋。**【园林应用】**同肿节竹芋。

3 青苹果竹芋

Calathea orbifolia

别名/圆叶肖竹芋　科属/竹芋科肖竹芋属　原产地/巴西　类型/多年生常绿草本　花期/12月至翌年2月　株高/20 ~ 30厘米

【叶部特征】根出叶，丛生状，叶鞘抱茎，叶柄浅褐紫色。叶圆形或近圆形，叶缘波状，叶面羽状侧脉，有6 ~ 10对银灰色条斑，中肋也为银灰色，叶背淡绿泛浅紫色。新叶绿色，老叶青绿色。**【生长习性】**同肿节竹芋。**【园林应用】**同肿节竹芋。

1
2

3

1 红双线竹芋
Calathea ornata 'Sanderiana'

别名/白羽竹芋、桃羽竹芋、大红羽竹芋　科属/竹芋科肖竹芋属　原产地/原种原产美洲　类型/多年生常绿草本　花期/12月至翌年2月　株高/20～30厘米

【叶部特征】叶片歪长卵形，长20厘米，较宽，光滑而富蜡质光泽。叶面浓绿，具红色线条5～6对，叶背红褐色。**【生长习性】**同肿节竹芋。**【园林应用】**同肿节竹芋。

2 彩虹肖竹芋
Calathea roseopicta

别名/红背竹芋　科属/竹芋科肖竹芋属　原产地/巴西　类型/多年生常绿草本　花期/3～10月　株高/60厘米

【叶部特征】叶柄直接着生在地下茎上，无主根，叶椭圆形或卵圆形，叶革质，叶脉青绿色，近叶缘处有一圈玫瑰色或银白色环形斑纹，如同一条彩虹。**【生长习性】**同肿节竹芋。**【园林应用】**同肿节竹芋。

3 公主彩虹竹芋
Calathea roseopicta 'Princess'

科属/竹芋科肖竹芋属　原产地/原种原产巴西　类型/多年生常绿草本　花期/3～10月　株高/60厘米

【叶部特征】叶椭圆形或卵圆形，叶面具白色图案状斑纹，叶背面紫红色。**【生长习性】**同肿节竹芋。**【园林应用】**同肿节竹芋。

1 波浪竹芋
Calathea rufibarba

别名/浪心竹芋、剑叶竹芋　科属/竹芋科肖竹芋属　原产地/美洲　类型/多年生常绿草本　花期/5～6月　株高/50厘米

【叶部特征】叶基稍歪斜，叶倒披针形或披针形，叶面绿色，富有光泽，中脉黄绿色，叶缘及侧脉均有波浪状起伏，叶背、叶柄都为紫色。**【生长习性】**喜温暖、湿润和光照充足的环境，不耐寒，不耐旱，忌暴晒，生长期应充分浇水，以保持湿润，但土壤不应积水，宜用疏松肥沃、排水良好且富含腐殖质的微酸性土壤。**【园林应用】**常作盆栽观赏。

2 蓝草红背波浪竹芋
Calathea rufibarba 'Blue Grass'

科属/竹芋科肖竹芋属　原产地/原种原产美洲　类型/多年生常绿草本　花期/5～6月　株高/50厘米

【叶部特征】叶基稍歪斜，叶片倒披针形或披针形，叶面绿色，叶背紫色。**【生长习性】**波浪竹芋**【园林应用】**波浪竹芋。

3 浪星肖竹芋
Calathea rufibarba 'Wavestar'

科属/竹芋科肖竹芋属　原产地/原种原产美洲　类型/多年生常绿草本　花期/5～6月　株高/50厘米

【叶部特征】全株被褐色毛。叶基稍歪斜，叶倒披针形或披针形，叶表面亮绿色，背面紫色。**【生长习性】**同波浪竹芋**【园林应用】**同波浪竹芋。

1
2
3
4

1 紫背天鹅绒竹芋
Calathea warscewiczii

别名/瓦氏肖竹芋、花叶葛郁金　科属/竹芋科肖竹芋属　原产地/巴西　类型/多年生常绿草本　花期/5～6月　株高/30～80厘米

【叶部特征】叶柄较短，叶宽阔长椭圆形，中脉黄绿色，侧脉灰绿色，叶背紫红色。**【生长习性】**同波浪竹芋。**【园林应用】**同波浪竹芋。

2 绒叶肖竹芋
Calathea zebrina

别名/斑叶肖竹芋、斑马肖竹芋、天鹅绒肖竹芋　科属/竹芋科叠苞竹芋属　原产地/巴西　类型/多年生常绿草本　花期/5～6月　株高/1米

【叶部特征】叶长圆状披针形，不等侧，顶端钝，基部渐尖，叶面深绿色，间以黄绿色的条纹，天鹅绒一般，叶背幼时浅灰绿色，老时淡紫红色。叶柄长达45厘米。**【生长习性】**喜半阴和高温多湿环境。4～9月为生长期，生长适温15～30℃，越冬温度10～15℃，喜疏松肥沃、通透性好的栽培基质。**【园林应用】**可种植在庭园、公园的林荫下或路旁，可采用片植、丛植或与其他植物搭配布置。在北方地区，可盆栽观赏或温室内栽培。

3 阿玛格丽紫背栉花竹芋
Ctenanthe oppenheimiana 'Amagris'

科属/竹芋科栉花竹芋属　原产地/原种原产巴西　类型/多年生常绿草本　花期/7～9月　株高/17厘米

【叶部特征】植株生长紧凑，基部莲座状丛生，叶片长圆状披针形，叶较窄，叶面灰绿色，叶缘和叶脉深绿色，叶背紫色。**【生长习性】**喜高温、高湿的半阴环境，不耐寒，忌烈日暴晒。栽培土质以腐殖质土或沙质壤土为佳，排水需良好。**【园林应用】**适于庭园荫蔽处丛植，作地被或盆栽，为高级的室内植物、花坛花卉。

4 四色栉花竹芋
Ctenanthe oppenheimiana 'Quadricolor'

别名/三色奥氏栉花芋、红背卧龙竹芋　科属/竹芋科栉花芋属　原产地/原种原产巴西　类型/多年生常绿草本　花期/5～6月　株高/40～60厘米

【叶部特征】叶丛生，具长柄，叶面微上卷，披针形至长椭圆形，纸质，全缘。叶面深绿色，具淡绿、白至淡粉红色羽状斑彩，叶柄及叶背暗红色。**【生长习性】**同阿玛格丽紫背栉花竹芋。**【园林应用】**同阿玛格丽紫背栉花竹芋。

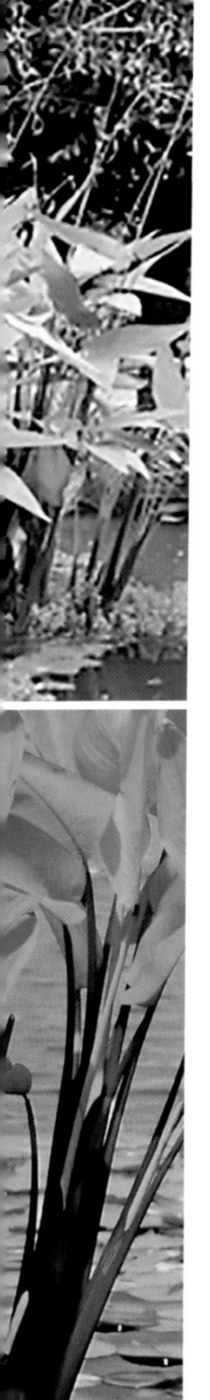

竹芋科

1 银羽竹芋

Ctenanthe setosa

别名/银羽斑栉花竹芋、毛柄栉花竹芋、飞羽竹芋　科属/竹芋科栉花芋属　原产地/巴西　类型/多年生常绿草本　花期/5～6月　株高/1～2米

【叶部特征】叶基生，具紫色长叶柄，近叶基为绿色；叶椭圆形，端具突尖；叶暗绿色，沿侧脉有长短相间的银灰色斑条直达叶缘，斑条呈歪披针形，叶背紫红色。**【生长习性】**喜温暖、湿润和半阴环境，对温度变化十分敏感，夜间低温时，叶片会卷成筒状。夏秋高温干燥天气，极易引起叶缘枯黄，因此，植株周围要保持有一定的湿度。越冬温度要求10℃以上。**【园林应用】**观叶植物中高大的品种，盆栽置于厅堂门口、走廊两侧或者会议室角落；也可用于园林阴湿地的布置，可作树篱、屏障。

2 豹斑竹芋

Maranta leuconeura 'Kerchoviana'

别名/兔脚竹芋、暗褐斑竹芋、克氏白脉竹芋、哥氏白脉竹芋　科属/竹芋科竹芋属　原产地/原种原产巴西　类型/多年生常绿草本　花期/5～6月　株高/30厘米

【叶部特征】叶面淡绿色，具光泽，脉间有两列对称羽状排列的斑纹，初为绿褐色，后渐变为深绿色，犹如兔脚的足迹，故名兔脚竹芋。在夜幕降临时，叶片合拢，黎明展开。**【生长习性】**喜温暖、湿润和半阴环境，适合在腐叶壤土中生长，不喜欢硬水，生长适温15～25℃。**【园林应用】**作盆栽室内观赏。

3 红鞘水竹芋

Thalia geniculata 'Red Stemmed'

别名/红鞘垂花水竹芋、红杆水竹芋　科属/竹芋科水竹芋属　原产地/原种原产墨西哥及美国东南部地区　类型/多年生常绿挺水草本　花期/6～11月　株高/2.4～3米

【叶部特征】叶鞘为红褐色，叶长卵圆形，先端尖，基部圆形，全缘，具羽状平行脉，叶柄的顶部增厚（即叶枕）。**【生长习性】**喜温暖、湿润和光线明亮的环境，不耐寒，也不耐旱。**【园林应用】**适用于沼泽涝渍地区、池塘边缘和浅水区，也可作盆栽观赏。

1
2

3

1 珍珠芦荟

Aloe aristata

别名/绫锦芦荟、波路、长须芦荟、木挫芦荟　科属/百合科芦荟属　原产地/南非和非洲热带地区　类型/多年生常绿草本　花期/夏季或冬季　株高/25 ～ 30厘米

【叶部特征】莲座叶盘径约20厘米，叶片多达40 ～ 50片，排列紧凑。叶深绿色，叶尖稍红，三角形带尖，叶面及叶背均布有白色小疣。**【生长习性】**喜温暖、干燥和阳光充足环境。稍耐寒，耐干旱和半阴，不耐水湿和强光暴晒。喜肥沃、疏松和排水良好的沙质壤土。生长适温20 ～ 24℃，冬季温度不低于8℃。**【园林应用】**常作小型盆栽室内观赏。

2 巨齿芦荟

Aloe grandidentata

别名/大齿芦荟、椰子树芦荟　科属/百合科芦荟属　原产地/南非中部高原　类型/多年生常绿草本　花期/10 ～ 12月　株高/15厘米

【叶部特征】叶莲座状排列，叶绿色至黑褐色，除有斑痕外还有直向的白色条纹。**【生长习性】**喜温暖、干燥和阳光充足环境，喜排水良好的酸性或中性沙质土壤。**【园林应用】**可作盆栽，非常适合干旱地区的节水花园或多肉温室。

3 翡翠殿

Aloe juvenna

别名/俏芦荟　科属/百合科芦荟属　原产地/马达加斯加　类型/多年生常绿草本　花期/6 ～ 8月　株高/30 ～ 40厘米

【叶部特征】叶莲座状排列，叶三角形，表面凹背面圆凸，先端急尖，淡绿色至黄绿色，光线强时呈褐绿色，两面具白色斑纹，叶缘有白色缘齿。**【生长习性】**喜温暖、干燥和阳光充足环境，喜排水良好的酸性或中性沙质土壤。**【园林应用】**可作盆栽或温室栽培。

1
2
3
4

1 女王锦

Aloe parvula

别名/小芦荟　科属/百合科芦荟属　原产地/南非和非洲热带地区　类型/多年生常绿草本　花期/5～8月　株高/30厘米

【叶部特征】叶莲座状排列，具疣状刺，中脉突出，有一排刚毛状毛，光线充足呈叶蓝灰色，光线不足呈绿色。**【生长习性】**喜温暖、干燥和阳光充足环境。耐旱，喜排水良好的微酸土壤，注意防霜冻。**【园林应用】**可作中、小型盆栽或温室栽培。

2 什锦芦荟

Aloe variegata

别名/千代芦荟、翠花掌、千代田锦、斑叶芦荟　科属/百合科芦荟属　原产地/南非和非洲热带地区　类型/多年生常绿草本　花期/4～5月　株高/20～30厘米

【叶部特征】叶呈螺旋状着生于短缩茎上，三角形，叶面凹呈沟槽状，叶背凸起先端锐尖。叶面有横向排列的银白色或灰色斑纹。**【生长习性】**喜散射光，喜温暖，忌低温，生长适温16～28℃。**【园林应用】**可作中、小型盆栽或温室栽培。

3 洒金蜘蛛抱蛋

Aspidistra elatior 'Punctata'

别名/斑叶一叶兰、星点蜘蛛抱蛋　科属/百合科吊兰属　原产地/原种原产中国　类型/多年生常绿草本　花期/4～5月　株高/60～90厘米

【叶部特征】叶单生，披针形至近椭圆形，边缘微呈皱波状，叶绿色，叶面分布不均匀的浅黄至乳白色星斑。叶柄明显，粗壮。**【生长习性】**喜潮湿、半阴环境，适应性强，适合在疏松、肥沃的沙壤土或腐叶土上生长，生长适温13～21℃。**【园林应用】**可作中、小型盆栽或阴地散植，还可栽种于水池边。

4 斑叶蜘蛛抱蛋

Aspidistra elatior 'Variegata'

别名/花叶蜘蛛抱蛋、白纹蜘蛛抱蛋、花叶一叶兰　科属/百合科吊兰属　原产地/原种原产中国　类型/多年生常绿草本　花期/4～5月　株高/60～90厘米

【叶部特征】叶单生，彼此相距1～3厘米，矩圆状披针形、披针形至近椭圆形，边缘微皱波状。叶绿色，有纵向黄色或白色条纹。叶柄明显，粗壮。**【生长习性】**同洒金蜘蛛抱蛋。**【园林应用】**同洒金蜘蛛抱蛋。

1
2
1
2

1 金心吊兰
Chlorophytum comosum 'Mediopictum'

别名/斑心宽叶吊兰　科属/百合科吊兰属　原产地/原种原产非洲和亚洲热带地区　类型/多年生常绿草本　花期/全年　株高/60厘米

【叶部特征】叶狭矩圆状披针形或披针形，宽2～5厘米，连柄长50～70厘米，叶中肋具白色纵条纹。**【生长习性】**喜温暖、湿润及半阴环境。叶片对光照反应特别灵敏，忌夏季阳光直射。喜疏松、肥沃土壤。有一定的耐寒能力，越冬温度不宜低于10℃。**【园林应用】**可作中型盆栽，也可镶嵌在路边、石缝等处。

2 银心吊兰
Chlorophytum comosum 'Vittatum'

别名/纵条吊兰、斑叶吊兰、中斑吊兰　科属/百合科吊兰属　原产地/原种原产非洲和亚洲热带地区　类型/多年生常绿草本　花期/全年　株高/30～60厘米

【叶部特征】叶细长，条状披针形，叶中心具1厘米宽的银白色纵条纹，叶基抱茎，叶色鲜绿。**【生长习性】**同金心吊兰。**【园林应用】**同金心吊兰。

3 银边山菅兰
Dianella ensifolia 'Marginata'

别名/花叶山菅兰　科属/百合科山菅兰属　原产地/原种原产亚洲和大洋洲的热带地区以及马达加斯加岛　类型/多年生常绿草本　花期/6～8月　株高/50～70厘米

【叶部特征】叶近基生，狭条状披针形，革质，长30～60厘米，绿色，叶缘白色**【生长习性】**喜光，也耐阴，适应性强，栽培管理简单，分蘖性强，生长适温18～30℃。冬季不低于−10℃。喜疏松、排水良好的壤土。**【园林应用】**在园林中常作地被植物观赏，常用于林下、园路边、山石旁，在室内也可作盆栽观赏。

4 金线山菅兰
Dianella ensifolia 'Yellow Stripe'

别名/金道山菅兰　科属/百合科山菅兰属　原产地/原种原产亚洲和大洋洲的热带地区以及马达加斯加岛　类型/多年生常绿草本　花期/3～8月　株高/60～120厘米

【叶部特征】叶近基生，叶片革质，线状披针形，叶绿色，具宽窄不等的黄色纵条纹。**【生长习性】**同银边山菅兰。**【园林应用】**同银边山菅兰。

1 九轮塔
Haworthia coarctata

别名/霜百合、星霜　科属/百合科十二卷属　原产地/南非和马达加斯岛　类型/多年生常绿肉质草本　花期/5～10月　株高/20厘米

【叶部特征】植株呈柱状，肉质叶，先端向内侧弯曲，叶背有成行排列的凸起白色纹理。充足阳光下，叶会慢慢变成紫红色。**【生长习性】**喜阳光，稍耐阴，不耐高温、高湿，不耐寒。喜疏松、排水良好的壤土。**【园林应用】**常作小型盆栽。

2 白斑玉露
Haworthia cooperi 'Variegata'

别名/玉露锦、水晶白玉露　科属/百合科十二卷属　原产地/原种原产南非和马达加斯加　类型/多年生常绿肉质草本　花期/4～6月　株高/15厘米

【叶部特征】肉质叶排列成莲座状，叶色碧绿，顶端呈透明或半透明状，碧绿色间镶嵌乳白色斑纹。**【生长习性】**喜凉爽的半阴环境，春、秋季为生长期，耐干旱，不耐寒，忌高温潮湿和烈日暴晒，怕过于阴蔽，怕积水，以疏松透气、排水良好的沙壤土为宜。**【园林应用】**常作小型盆栽。

3 宝草锦
Haworthia cymbiformis 'Variegata'

别名/京之华锦、凝脂菊　科属/百合科十二卷属　原产地/原种原产南非和马达加斯加　类型/多年生常绿肉质草本　花期/4～6月　株高/15厘米

【叶部特征】肉质叶排列成莲座状，顶部呈钝三角形，有小尖生出，绿色兼有纵向黑色或白色的条纹。**【生长习性】**喜温暖、半阴环境，耐干旱，较耐寒，忌高温、积水，忌暴晒，也不宜过于荫蔽。无明显的休眠期，生长适温18～25℃，冬季不低于5℃。**【园林应用】**常作小型盆栽。

4 条纹十二卷
Haworthia fasciata

别名/锦鸡尾、斑马十二卷、条纹蛇尾兰、虎纹鹰爪　科属/百合科十二卷属　原产地/南非和马达加斯加　类型/多年生常绿肉质草本　花期/4～6月　株高/15厘米

【叶部特征】叶呈莲座状排列，叶三角状披针形，先端锐尖，叶表光滑，深绿色；叶背绿色，具较大的白色瘤状突起排列成横条纹。**【生长习性】**喜温暖、干燥和阳光充足环境。生长适温16～18℃，冬季不低于5℃。对土壤要求不严，以肥沃、疏松的沙壤土为宜。**【园林应用】**常作小型盆栽。

1 蓝天使玉簪
Hosta 'Blue Angel '

科属/百合科玉簪属　原产地/原种原产中国长江流域　类型/多年生草本　花期/7～9月　株高/60～120厘米

【叶部特征】大型玉簪，叶子较大，长40厘米，单叶基生，叶莲座状丛生，叶脉明显，叶片卵圆形，蓝色。**【生长习性】**喜半阴，喜肥沃、湿润的沙壤土，生长适温15～25℃，冬季温度不低于5℃。**【园林应用】**良好的观叶、观花地被植物，可种子标干，还可作切花。

2 甜心玉簪
Hosta 'So Sweet'

科属/百合科玉簪属　原产地/原种原产中国长江流域　类型/多年生草本　花期/8～9月　株高/35厘米

【叶部特征】单叶基生，卵形，先端急尖，全缘或浅波状，基部楔形，其两侧稍下延；叶片中部绿色，叶片初期边缘金黄色，后转为淡黄；叶背具有金属光泽。**【生长习性】**同蓝天使玉簪。**【园林应用】**同蓝天使玉簪。

3 白心波叶玉簪
Hosta undulata 'Univittata'

别名/白斑波叶玉簪　科属/百合科玉簪属　原产地/原种原产中国长江流域　类型/多年生草本　花期/7～9月　株高/20～40厘米

【叶部特征】单叶基生，卵形，叶缘波浪状，叶中心具白色窄带，叶缘绿色。**【生长习性】**同蓝天使玉簪。**【园林应用】**同蓝天使玉簪。

4 花叶波叶玉簪
Hosta undulata 'Variegata'

别名/斑叶波叶玉簪　科属/百合科玉簪属　原产地/原种原产中国长江流域　类型/多年生草本　花期/7～9月　株高/20～40厘米

【叶部特征】单叶基生，卵形，叶缘波浪状叶近中肋处具白色斑彩，其他部位绿色。**【生长习性】**同蓝天使玉簪。**【园林应用】**同蓝天使玉簪。

1
2
3
3

1 金边阔叶山麦冬
Liriope muscari 'Variegata'

科属/百合科山麦冬属　原产地/原种原产中国、日本、越南　类型/多年生草本　花期/7 ~ 8月　株高/30 ~ 45厘米

【叶部特征】叶基生，无柄，叶片宽线形，膜质，两侧具金黄色边条，脉间有明显凹凸。**【生长习性】**喜半阴，忌阳光直射，喜湿润、肥沃、排水良好的沙质土壤。**【园林应用】**耐阴地被植物，可布置在庭园内、山石旁、台阶下、花坛边或片植于树丛下，也可作盆栽布置室内。

2 银纹沿阶草
Ophiopogon intermedius 'Argenteomarginatus'

别名/假银丝马尾　科属/百合科沿阶草属　原产地/原种原产中国、日本、越南　类型/多年生草本　花期/7 ~ 8月　株高/20 ~ 30厘米

【叶部特征】叶簇生，线形，长40 ~ 50厘米，宽1.2厘米，叶深绿，叶缘有纵长条白边，叶中央有细白纵条纹。**【生长习性】**喜温暖、湿润和半阴环境。耐寒，耐水湿，不耐干旱和盐碱，生长适温16 ~ 24℃，冬季温度不低于10℃。以肥沃、疏松和排水良好的沙质壤土为宜。**【园林应用】**为较好的阴生植物，适合草坪边缘栽植，也可与林带下层进行层基栽植，或作建筑背阴面的层基绿化或点缀于假山石景等处，也可盆栽观赏。

3 黑色沿阶草
Ophiopogon jaburan 'Nigrescens'

别名/黑麦冬、黑龙沿阶草　科属/百合科沿阶草属　原产地/原种原产中国、日本、越南　类型/多年生草本　花期/7 ~ 8月　株高/30 ~ 45厘米

【叶部特征】叶簇生，线形，长40 ~ 50厘米，宽1.2厘米，叶黑紫色。**【生长习性】**同银纹沿阶草。**【园林应用】**参照银纹沿阶草。

1
1
2
2

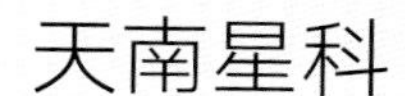

天南星科

1 花叶菖蒲

Acorus calamus 'Variegatus'

别名/金钱蒲、斑叶菖蒲、花叶水菖蒲　科属/天南星科菖蒲属　原产地/原种原产中国及日本　类型/多年生草本　花期/3～6月　株高/60～120厘米

【叶部特征】叶茎对折，叶线形，绿色，先端长，渐尖，无中肋，平行脉多数，叶缘黄色。**【生长习性】**喜光，也耐阴，喜湿润，耐寒，不择土壤，适应性较强，忌干旱。**【园林应用】**可栽于池边、溪边、岩石旁，作林下阴湿地被；也可在全光照下，作为色彩地被；作为花径、花坛的镶边材料也是非常漂亮的；可作盆栽观赏。

2 金线石菖蒲

Acorus gramineus 'Variegatus'

别名/斑叶石菖蒲、斑叶金线蒲、花叶石菖蒲　科属/天南星科菖蒲属　原产地/原种原产中国　类型/多年生草本　花期/5～6月　株高/20～30厘米

【叶部特征】叶质地较厚，线形，极狭，宽不足6毫米，先端长渐尖，无中肋，平行脉多数。叶有黄色条纹，整体呈黄色状。**【生长习性】**喜阴湿、冷凉、湿润气候，耐寒，忌干旱，以沼泽、湿地等富含腐殖质沙壤土为宜。**【园林应用】**常作盆栽或园林水景点缀使用。

1
2
3
4

天南星科

1 黑美人万年青
Aglaonema commutatum

别名/斜纹粗肋草　科属/天南星科广东万年青属　原产地/原种原产菲律宾　类型/多年生常绿草本　花期/3～5月　株高/30～50厘米

【叶部特征】叶对生，叶上有白色斑彩组成的沿侧脉方向的斜纹。其叶比花叶万年青叶子狭长。**【生长习性】**不耐寒，喜高温、多湿环境，极耐阴，忌强光直射，适合疏松肥沃、排水良好的土壤，生长适温22～30℃。**【园林应用】**适合庭园缘栽或作地被植物，也可作盆栽观赏。

2 心叶亮丝草
Aglaonema costatum

别名/心叶粗肋草、白肋亮丝草、爪哇万年青　科属/天南星科广东万年青属　原产地/马来西亚半岛　类型/多年生常绿草本　花期/5月　株高/40～70厘米

【叶部特征】叶卵形或椭圆状卵形，较厚，暗绿色有光泽。叶面具白色星状斑点，中脉粗，呈白色。**【生长习性】**同斜纹粗肋草。**【园林应用】**同斜纹粗肋草。

3 斑点亮丝草
Aglaonema costatum 'Foxii'

别名/白宽肋斑点粗肋草、斑点白肋亮丝草　科属/天南星科广东万年青属　原产地/原种原产南美洲　类型/多年生常绿草本　花期/3～5月　株高/30～50厘米

【叶部特征】叶长椭圆形，先端渐尖，基部楔形，叶中肋白色，叶面具白色斑点。**【生长习性】**同斜纹粗肋草。**【园林应用】**同斜纹粗肋草。

4 箭羽粗肋草
Aglaonema nitidum 'Curtisii'

别名/箭羽亮丝草　科属/天南星科广东万年青属　原产地/原种原产南美洲　类型/多年生常绿草本　花期/6～9月　株高/30～45厘米

【叶部特征】叶椭圆形，先端渐尖，叶面具粉红色斑点。**【生长习性】**同斜纹粗肋草。**【园林应用】**同斜纹粗肋草。

1
2
3
3

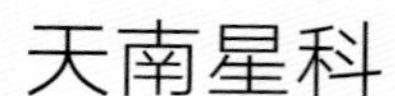

1 柠檬皇后粗肋草
Aglaonema 'Limon Beauty'

别名/柠檬美粗肋草　科属/天南星科广东万年青属　原产地/原种原产南美洲　类型/多年生常绿草本　花期/3～5月　株高/30～45厘米

【叶部特征】叶椭圆形，叶面深绿色，主脉和叶尖红色，叶面具不规则的、大小不一的黄、绿、粉和红斑，叶柄和茎粉色。**【生长习性】**同斜纹粗肋草。**【园林应用】**同斜纹粗肋草。

2 银后亮丝草
Aglaonema 'Silver Queen'

别名/银后粗肋草、银皇后细叶亮丝草　科属/天南星科广东万年青属　原产地/原种原产菲律宾　类型/多年生常绿草本　花期/3～5月　株高/30～50厘米

【叶部特征】叶长椭圆形，先端渐尖，基部楔形，叶面具有银白色大斑块。**【生长习性】**同斜纹粗肋草。**【园林应用】**同斜纹粗肋草。

3 银王亮丝草
Aglaonema 'Silver King'

别名/银王万年青、银皇帝、银王亮丝草　科属/天南星科广东万年青属　原产地/原种原产南美洲　类型/多年生常绿草本　花期/3～5月　株高/40～50厘米

【叶部特征】叶椭圆形，革质，锐尖，叶长披针形，先端具尖，叶面具白色斑块。叶背灰绿，叶柄绿色。**【生长习性】**同斜纹粗肋草。**【园林应用】**同斜纹粗肋草。

1
2
3
4

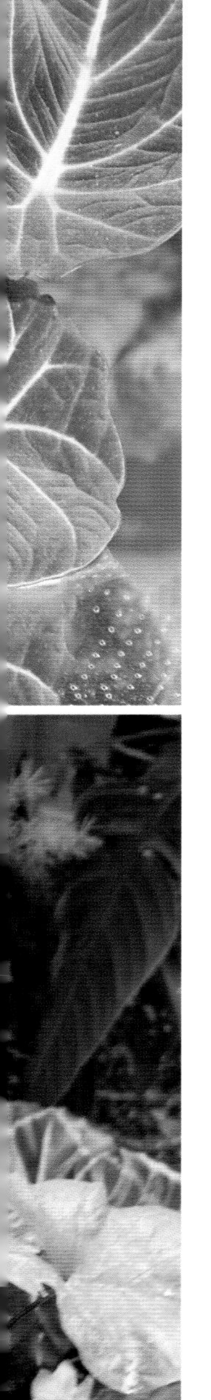

1 龟甲观音莲
Alocasia cuprea

别名/龟甲芋、红叶海芋、铜色观音莲　科属/天南星科海芋属　原产地/菲律宾、马来西亚　类型/多年生常绿草本　花期/全年，但在过于荫蔽的林下不开花　株高/100厘米

【叶部特征】叶聚生茎顶，叶片卵状戟形，叶背紫色，嫩叶红铜色。**【生长习性】**喜明亮散射光，喜温暖、湿润气候，生长适温20～30℃，不耐寒冷。对土壤要求不高，喜排水性良好的富含腐殖质的土壤。**【园林应用】**适合大型盆栽，也可栽于热带植物温室。

2 黑叶观音莲
Alocasia × mortfontanensis

别名/美叶芋、黑叶芋　科属/天南星科海芋属　原产地/原种原产南亚　类型/多年生常绿草本　花期/5月　株高/60～120厘米

【叶部特征】叶箭形盾状，先端尖锐，有时尾状尖。叶柄长，浅绿色，叶缘有5～7个大型齿状缺刻。叶浓绿色，叶脉银白色，叶缘周围有一圈极窄的银白色环线，叶背紫褐色。**【生长习性】**同龟甲观音莲。**【园林应用】**同龟甲观音莲。

3 白雪彩叶芋
Caladium bicolor 'Candidum'

别名/白雪花叶芋、白鹭彩叶芋　科属/天南星科五彩芋属　原产地/原种原产巴西、泰国和几内亚　类型/多年生常绿草本　花期/5～10月　株高/60厘米

【叶部特征】基生叶盾状箭形或心形，叶肉白色，呈半透明状，叶脉及叶缘绿色。**【生长习性】**喜高温、高湿和半阴环境，不耐低温和霜雪，适合疏松、肥沃和排水良好的土壤。**【园林应用】**常作盆栽观赏，也可用于花境。

4 红中斑彩叶芋
Caladium bicolor 'Frieda Hemple'

科属/天南星科五彩芋属　原产地/原种原产巴西、泰国和几内亚　类型/多年生常绿草本　花期/3～5月　株高/30～90厘米

【叶部特征】基生叶盾状箭形或心形，叶间具大红色斑，叶脉更红，叶缘深绿色。**【生长习性】**同白雪彩叶芋。**【园林应用】**同白雪彩叶芋。

1
2
3
3

1 泰国美人彩叶芋
Caladium bicolor 'Thai Beauty'

别名/泰美人彩叶芋、粉色和声彩叶芋　科属/天南星科五彩芋属　原产地/原种原产巴西、泰国和几内亚　类型/多年生常绿草本　花期/5～10月　株高/30～60厘米

【叶部特征】基生叶盾状箭形或心形，叶淡桃色，叶脉绿色。**【生长习性】**同白雪彩叶芋。**【园林应用】**同白雪彩叶芋。

2 紫芋
Colocasia antiquorum

别名/野芋、老虎广菜　科属/天南星科芋属　原产地/中国江南各省　类型/多年生常绿草本　花期/7～9月　株高/0.9～1.5米

【叶部特征】叶柄肥厚，直立；叶片薄革质，表面略发亮，盾状卵形，基部心形，长达50厘米以上；叶柄和叶脉暗红色，叶绿色。**【生长习性】**性强健，喜高温，耐阴，耐湿，全日照或半日照条件均可。**【园林应用】**主要用于园林水景的浅水处或岸边潮湿地中。

3 黑茎芋
Colocasia fontanesii 'Black Stem'

别名/范塔尼斯芋　科属/天南星科芋属　原产地/原种原产中国、印度及马来西亚　类型/多年生常绿草本　花期/7～9月　株高/1.2～2.4米

【叶部特征】叶柄肥厚，直立；叶巨大，叶片薄革质，表面略发亮，盾状卵形，基部心形，叶柄和叶脉暗深紫色，叶绿色。**【生长习性】**性强健，喜高温，耐阴，耐湿，全日照或半日照条件均可。**【园林应用】**主要用于园林水景的浅水处或岸边潮湿地中，也可作盆栽观赏。

1
2
3

1 大王黛粉叶
Dieffenbachia amoena

别名/可爱黛粉叶、斑马花叶万年青、巨花叶万年青 科属/天南星科黛粉叶属 原产地/热带美洲 类型/多年生常绿草本 花期/罕见 株高/2米

【叶部特征】叶大，长椭圆形，深绿色，有光泽，沿中脉两侧有乳白色条纹和斑点。**【生长习性】**喜高温、高湿及半阴环境。不耐寒，冬季最低温度需保持在15℃以上。要求疏松肥沃、排水良好的土壤。**【园林应用】**常作盆栽。

2 白玉黛粉叶
Dieffenbachia amoena 'Camilla'

别名/白叶万年青 科属/天南星科黛粉叶属 原产地/原种原产热带美洲 类型/多年生常绿草本 花期/罕见 株高/0.6～1.5米

【叶部特征】叶大，长椭圆形，深绿色，有光泽，叶片乳白色，叶缘周边深绿色。**【生长习性】**同大王黛粉叶。**【园林应用】**同大王黛粉叶。

3 夏雪黛粉叶
Dieffenbachia amoena 'Tropic Snow'

别名/暑白黛粉叶、夏雪万年青 科属/天南星科黛粉叶属 原产地/原种原产热带美洲 类型/多年生常绿草本 花期/罕见 株高/1.5～1.8米

【叶部特征】叶大，长椭圆形，深绿色，有光泽，叶缘深绿色，沿中脉两侧具乳白色大斑块。**【生长习性】**同大王黛粉叶。**【园林应用】**同大王黛粉叶。

1
2

3

天南星科

1 花叶万年青
Dieffenbachia seguine

别名/彩叶万年青、花叶黛粉叶、暗绿黛粉叶　科属/天南星科黛粉叶属　原产地/原种原产热带美洲　类型/多年生常绿草本　花期/罕见　株高/1.5 ~ 1.8米

【叶部特征】叶柄长，叶鞘达中部以上，半圆柱形；叶长圆形，中肋粗，半圆柱形，向上渐消失，叶沿中脉及侧脉之间密布不规则的白色斑彩，叶缘绿色。**【生长习性】**喜高温、高湿及半阴环境。不耐寒，冬季最低温度需保持在15℃以上。要求疏松肥沃、排水良好的土壤。**【园林应用】**常作盆栽，也可作地被植物。

2 星光万年青
Dieffenbachia 'Star Bright'

别名/黄金宝玉万年青　科属/天南星科黛粉叶属　原产地/原种原产热带美洲　类型/多年生常绿草本　花期/罕见　株高/2 ~ 3米

【叶部特征】叶长圆形，叶面有大片白色斑纹，叶缘绿色。**【生长习性】**同花叶万年青。**【园林应用】**同花叶万年青。

3 玛丽安万年青
Dieffenbachia 'Tropic Marianne'

别名/玛丽安黛粉叶　科属/天南星科黛粉叶属　原产地/原种原产热带美洲　类型/多年生常绿草本　花期/罕见　株高/2 ~ 3米

【叶部特征】叶长圆形，叶乳白色，叶缘绿色。**【生长习性】**同花叶万年青。**【园林应用】**同花叶万年青。

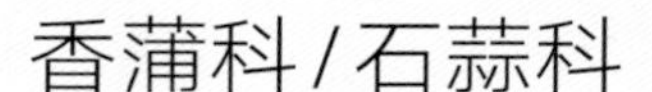

1 银线香蒲
Typha latfolia 'Variegata'

别名/斑叶宽叶香蒲、银纹水烛　科属/香蒲科香蒲属　原产地/中国　类型/多年生水生草本　花期/5月　株高/50 ~ 120厘米

【叶部特征】叶狭线形，基部合抱直立生长。叶深绿色，叶缘及叶中部有乳白色纵条纹。**【生长习性】**喜高温、潮湿环境，忌干旱，生育适温20 ~ 28℃。栽培土质以腐殖质壤土为宜，可先盆栽，再浸入池中，淹水深10 ~ 20厘米。需光照充足，施肥最好用有机肥料。**【园林应用】**常用于点缀园林水池、湖畔，构筑水景，宜作花境水景背景材料，也可盆栽布置庭园。

2 花叶君子兰
Clivia miniata 'Variegata'

别名/花叶大花君子兰、金丝兰、缟兰　科属/石蒜科君子兰属　原产地/原种原产中国　类型/多年生常绿草本　花期/1 ~ 5月　株高/45厘米

【叶部特征】叶带状，扁平光亮，叶片上有数条粗细不均匀的白色纵带。**【生长习性】**喜凉爽、温和的气候，不耐干燥，喜营养丰富、富含腐殖质且排水性好的土壤。**【园林应用】**布置会场、点缀宾馆、美化家庭环境的优质盆花。

3 白线文殊兰
Crinum asiaticum 'Silverstripe'

别名/银边文殊兰　科属/石蒜科文殊兰属　原产地/原种原产亚洲热带地区　类型/多年生常绿草本　花期/6 ~ 8月　株高/50 ~ 100厘米

【叶部特征】叶20 ~ 30枚，多列，带状披针形，长可达1米，宽7 ~ 12厘米或更宽，顶端渐尖，具1急尖的尖头，叶有白色纵纹，边缘波状。**【生长习性】**喜温暖、湿润和光照充足的环境，不耐寒，耐盐碱土，但在幼苗期忌强直射光照，生长适温15 ~ 20℃，冬季鳞茎休眠期，适宜贮藏温度为8℃左右。盆栽应选用腐殖质含量高、疏松肥沃、排水良好的沙质土。**【园林应用】**既可作园林景区、校园、机关、住宅小区的草坪点缀，还可作房舍周边的绿篱；也可盆栽观赏。

1
2

3
3

1 斑叶文殊兰

Crinum asiaticum var. *japonicum* 'Variegatum'

别名/花叶文殊兰、白缘文殊兰　科属/石蒜科文殊兰属　原产地/原种原产亚洲热带地区　类型/多年生草本　花期/6～8月　株高/50～100厘米

【叶部特征】叶20～30枚，多列，带状披针形，带有白纹，长可达1米，顶端渐尖。**【生长习性】**同白线文殊兰。**【园林应用】**同白线文殊兰。

2 白肋朱顶红

Hippeastrum reticulatum

别名/白肋华胄兰、网纹狐挺花　科属/石蒜科朱顶红属　原产地/巴西　类型/多年生草本　花期/4～6月和9～10月　株高/30～45厘米

【叶部特征】叶片呈带状，绿色，叶片中央有一条纵向白条纹，从叶基直至叶顶。**【生长习性】**适合全日照或半日照环境，生长适温18～26℃。喜疏松、肥沃、排水良好的湿润土壤。**【园林应用】**重要的花境、花坛露地栽培植物，园林绿化中群落造景的优良花材；还可作盆栽；茎干长的可作切花。

3 花叶紫娇花

Tulbaghia violacea 'Variegata'

别名/洋韭、洋韭菜、野蒜、非洲小百合　科属/石蒜科娇花属　原产地/原种原产南非　类型/多年生球根草本　花期/6～8月　株高/30～50厘米

【叶部特征】叶基生，白色膜质叶鞘，叶半圆柱形，中央稍空；叶灰白色，叶缘白色。叶子有大蒜般的气味。**【生长习性】**喜水湿、微酸性土壤，喜半阴，耐热，生长适温24～30℃。**【园林应用】**常用作地被植物，也可作切花。

1
2
3

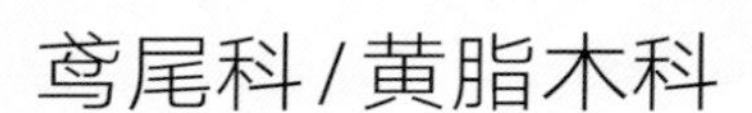

1 花叶鸢尾
Iris tectorum 'Variegatum'

别名/银边屋顶鸢尾、银边鸢尾　科属/鸢尾科鸢尾属　原产地/原种原产中国中部　类型/多年生球根草本　花期/4～5月　株高/30～45厘米

【叶部特征】叶基生，黄绿色，稍弯曲，中部略宽，宽剑形，顶端渐尖或短渐尖，基部鞘状，有数条不明显的纵脉。叶上具较宽的黄白色条带。**【生长习性】**喜光，全日照、半日照均可，但不应荫蔽。喜高温，耐热，生育适温24～30℃。对土壤要求不严，耐贫瘠，但以肥沃而排水良好的沙壤土或壤土为宜。**【园林应用】**花坛及庭园绿化的良好材料，可用作地被植物，也可作鲜切花材料。

2 银边花菖蒲
Iris ensata 'Variegata'

别名/花叶玉蝉花、银边玉蝉花　科属/鸢尾科鸢尾属　原产地/原种原产中国中部　类型/多年生球根草本　花期/6～7月　株高/60～100厘米

【叶部特征】叶茎生，线形，两面中脉明显，叶片绿色，有乳白色条纹。**【生长习性】**喜散射光，喜温暖、湿润气候，性强健，耐寒性强，露地栽培时，地上茎叶不完全枯死。对土壤要求不严。**【园林应用】**适合布置花境、水生专类园或在池旁、湖畔点缀，也可作鲜切花材料。

3 草树
Xanthorrhoea preissii

别名/钢草、非洲大熊草、火凤凰　科属/黄脂木科黄脂木属　原产地/澳大利亚特有的植物　类型/多年生常绿乔木状草本　花期/6～8月　株高/5米

【叶部特征】叶蓝绿色、硬草状，从树干中心长出，呈放射状。**【生长习性】**喜光，喜沙壤土。**【园林应用】**用于植物园等专类园。

1 华严龙舌兰

Agave americana 'Kegon'

别名/中斑龙舌兰　科属/龙舌兰科龙舌兰属　原产地/原种原产墨西哥　类型/多年生肉质草本　花期/6～8月　株高/1～2米

【叶部特征】叶呈莲座状排列，倒披针形，先端具暗褐色硬刺，叶缘疏生刺状小齿，叶中肋具淡黄色宽带。**【生长习性】**喜光，稍耐寒，不耐阴，喜凉爽、干燥的环境，生长适温15～25℃，耐旱，对土壤要求不严，以疏松、肥沃及排水良好的湿润沙质土壤为宜。**【园林应用】**常作盆栽观赏，可用于道路、公园绿化，也可点缀岩石园或花坛。

2 金边龙舌兰

Agave americana 'Marginata Aurea'

别名/黄边龙舌兰　科属/龙舌兰科龙舌兰属　原产地/原种原产墨西哥　类型/多年生肉质草本　花期/6～8月　株高/1.5～2米

【叶部特征】叶基生呈莲座状，肉质，常30～40枚或更多，倒披针形，先端具暗褐色硬刺，叶缘疏生刺状小齿；叶缘具黄色宽缘带。**【生长习性】**同华严龙舌兰。**【园林应用】**同华严龙舌兰。

3 银边龙舌兰

Agave angustifolia 'Marginata Alba'

别名/白边龙舌兰　科属/龙舌兰科龙舌兰属　原产地/原种原产墨西哥　类型/多年生肉质草本　花期/6～8月　株高/1.2米

【叶部特征】叶呈莲座式排列，叶30～40枚，长45～60厘米，淡绿色，先端具暗褐色硬刺，叶缘具刺状小齿，叶缘有银白色条纹。**【生长习性】**同华严龙舌兰。**【园林应用】**同华严龙舌兰。

4 金心龙舌兰

Agave americana var. *mediopicta*

别名/黄心龙舌兰　科属/龙舌兰科龙舌兰属　原产地/原种原产墨西哥　类型/多年生肉质草本　花期/6～8月　株高/1.8米

【叶部特征】叶基生呈莲座状，肉质，线状披针形，后厚质，灰绿色，先端具硬刺尖，边缘有褐色钩刺，叶中心具淡黄色条纹。**【生长习性】**同华严龙舌兰。**【园林应用】**同华严龙舌兰。

1
2

3

1 金边狐尾龙舌兰
Agave attenuata 'Marginata'

别名/金边翡翠盘龙舌兰　科属/龙舌兰科龙舌兰属　原产地/原种原产墨西哥　类型/多年生肉质草本　花期/6～8月　株高/70～80厘米

【叶部特征】叶长卵形，中间向内弯曲，叶端尖，叶面上覆盖薄白粉，株型不紧凑，叶片向四下散开，像弯弯的狐尾，叶缘黄色。**【生长习性】**同华严龙舌兰。**【园林应用】**同华严龙舌兰。

2 金边礼美龙舌兰
Agave desmettiana 'Variegata'

别名/金边苔丝龙舌兰　科属/龙舌兰科龙舌兰属　原产地/原种原产美洲　类型/多年生肉质草本　花期/6～8月　株高/60～90厘米

【叶部特征】叶片莲座状着生于茎的基部，叶宽披针形，中间较宽，叶肉质，灰白色，叶缘具刺，绿色，靠近叶缘处有金色条纹，叶反折。**【生长习性】**同华严龙舌兰。**【园林应用】**同华严龙舌兰。

3 丝龙舌兰
Agave filifera 'Compacta'

别名/王妃笹之雪、小乱雪龙舌兰　科属/龙舌兰科龙舌兰属　原产地/原种原产美洲　类型/多年生肉质草本　花期/6～8月　株高/20～25厘米

【叶部特征】叶片莲座状着生于茎的基部，株幅约10厘米，叶盘整齐，叶片较短，叶缘有白丝，有时叶面上有不规则白色线条。**【生长习性】**同华严龙舌兰。**【园林应用】**常作盆栽观赏。

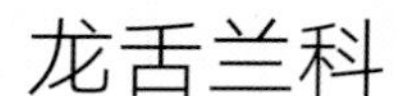

龙舌兰科

1 翠玉龙缟斑

Agave guiengola

别名/翠玉龙龙舌兰　科属/龙舌兰科龙舌兰属　原产地/原种原产美洲　类型/多年生肉质草本　花期/6～8月　株高/1.2米

【叶部特征】叶片莲座状着生于茎基部，比大多数龙舌兰更平放，叶缘黄色。**【生长习性】**喜温暖、干燥和阳光充足环境，耐旱，耐寒性，能承受-6.7～4.4℃低温，生长速度相当快，耐半阴。**【园林应用】**适合盆栽或温室观赏栽培。

2 八荒殿

Agave macroacantha

别名/小刺龙舌兰　科属/龙舌兰科龙舌兰属　原产地/墨西哥南部地区　类型/多年生肉质草本　花期/5～8月　株高/60厘米

【叶部特征】叶莲座状着生，叶剑状，灰绿色，边缘和尖端常有褐色利刺。**【生长习性】**喜温暖、干燥和阳光充足的环境。较耐寒，耐干旱和半阴，不耐水湿。土壤以肥沃、疏松和排水良好的沙壤土为宜。生长适温白天24～28℃、晚间18～21℃、冬季温度不低于8℃。**【园林应用】**适合盆栽或温室观赏栽培。

3 姬乱雪

Agave parviflora

别名/小花龙舌兰　科属/龙舌兰科龙舌兰属　原产地/墨西哥及美国南部　类型/多年生肉质草本　花期/3～5月　株高/0.6～1.8米

【叶部特征】叶莲座状着生于茎基部，叶暗绿色，叶面有白色线条，边缘有白色细丝及稀齿。**【生长习性】**喜温暖、干燥和阳光充足的环境。较耐旱。栽种以排水良好的疏松土壤为宜。生长适温15～25℃，冬季温度不低于5℃。**【园林应用】**适合盆栽或温室观赏栽培。

1
2
3
3

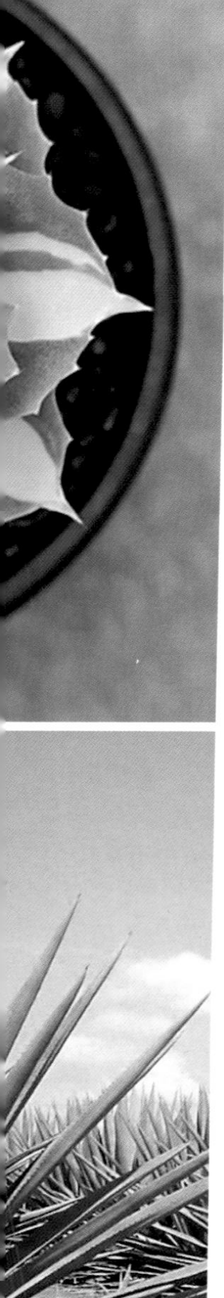

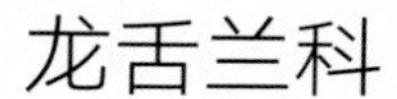

1 吉祥冠锦

Agave potatorum 'Kisshou-kan-nishiki'

科属/龙舌兰科龙舌兰属　原产地/原种原产墨西哥南部地区　类型/多年生肉质草本　花期/8～10月　株高/60厘米

【叶部特征】叶片莲座状着生于茎的基部，叶心部绿色，两侧黄色，刺黑褐色。**【生长习性】**喜温暖、湿润和阳光充足的环境，耐干旱，不耐寒。**【园林应用】**适合盆栽或温室观赏栽培。

2 黄中斑王妃雷神

Agave potatorum var.*verschaffeltii* 'Mediopicta'

别名/吉祥冠　科属/龙舌兰科龙舌兰属　原产地/原种原产墨西哥南部地区　类型/多年生肉质草本　花期/8～10月　株高/6～8厘米

【叶部特征】叶莲座状着生于茎基部，倒卵状，中央具黄色宽条斑。**【生长习性】**喜充足而柔和的阳光，较耐阴，耐干旱，怕水涝，但不耐寒。适合生长在肥沃、疏松、排水良好的沙土壤中。夏季适当遮阴。**【园林应用】**适合盆栽观赏。

3 太匮龙舌兰

Agave tequilana

别名/蓝色韦伯龙舌兰　科属/龙舌兰科龙舌兰属　原产地/墨西哥南部地区　类型/多年生肉质草本　花期/6～8月　株高/1.8米

【叶部特征】叶莲座状着生于茎基部，叶薄而坚硬，呈蓝色。**【生长习性】**喜阳光充足，具有一定的耐阴性，适合生长在肥沃、疏松、排水良好的沙土壤中种植。**【园林应用】**适合盆栽或温室观赏栽培。

1
2
3

龙舌兰科

1 五色万代锦
Agave univittata 'Quadricolor'

别名/五彩万代锦　科属/龙舌兰科龙舌兰属　原产地/原种原产美国得克萨斯州　类型/多年生肉质草本　花期/3～5月　株高/30～45厘米

【叶部特征】肉质叶呈莲座状排列，叶剑形至披针形，中间稍凹，叶质坚硬而有韧性，叶缘波浪形，叶尖及叶缘均有褐色刺，叶子中间呈黄绿色，两边为墨绿色，最外面呈黄色。**【生长习性】**喜温暖、干燥和阳光充足的环境，耐干旱，怕积水。适合在疏松肥沃，排水透气性良好的沙质土中生长。**【园林应用】**适合盆栽或温室观赏栽培。

2 丸叶笹之雪
Agave victoriae-reginae f. *latifolia*

科属/龙舌兰科龙舌兰属　原产地/原种原产美洲热带干旱地区　类型/多年生肉质草本　花期/3～5月　株高/30～45厘米

【叶部特征】肉质叶呈莲座状排列，叶三棱形，腹面扁平，背面呈微龙骨凸起。叶绿色，有不规则的白线条。**【生长习性】**喜温暖、干燥和阳光充足的环境，耐干旱，怕积水。适合在疏松肥沃、排水透气性良好的沙质土中生长。温度较高时，适当遮阴。**【园林应用】**适合盆栽观赏。

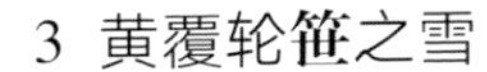

3 黄覆轮笹之雪
Agave victoriae-reginae 'Variegata'

别名/锦叶龙舌兰、笹之雪锦　科属/龙舌兰科龙舌兰属　原产地/原种原产美洲热带干旱地区　类型/多年生肉质草本　花期/3～5月　株高/20～25厘米

【叶部特征】肉质叶呈莲座状排列，叶三角状长圆形，长15～30厘米。颜色为深绿色，边缘带有黄色斑纹。叶尖较圆，同时顶部有棕色刺。**【生长习性】**同丸叶笹之雪。**【园林应用】**同丸叶笹之雪。

龙舌兰科

1 白缘龙舌兰
Agave vivipara

别名/银边菠萝麻、银边狭叶剑麻、银边狭叶龙舌兰　科属/龙舌兰科龙舌兰属　原产地/原种原产美洲热带干旱地区　类型/多年生肉质草本　花期/3～5月　株高/1米

【叶部特征】叶呈莲座状排列，通常30～40枚，倒披针状线形，叶肉质，全缘或有锯刺，叶缘具有白色斑纹。**【生长习性】**喜温暖、干燥和阳光充足的环境，耐干旱，怕积水。适合在疏松肥沃，排水透气性良好的沙壤土中生长。生长适温22～30℃。**【园林应用】**适合盆栽或温室观赏栽培。

2 黄纹万年麻
Furcraea foetida 'Mediopicta'

别名/中斑万年兰、黄纹巨麻　科属/龙舌兰科巨麻属　原产地/原种原产南美洲北部　类型/多年生肉质草本　花期/6～10月　株高/1.2～1.5米

【叶部特征】叶呈放射状生长，披针形，可多达50枚，叶缘有刺，波状弯曲，先端及边缘均具锐刺，叶缘波浪弯曲，叶面有乳黄色和淡绿色纵纹。**【生长习性】**性极强健，耐旱力强。阳性植物，生长缓慢，耐热，耐旱，抗风，抗污染，易移植。**【园林应用】**可盆栽或庭园美化，切叶是插花的高级素材。

3 紫叶群麻兰
Phormium tenax 'Purpureum'

别名/紫叶新西兰麻　科属/龙舌兰科麻兰属　原产地/原种原产新西兰　类型/多年生肉质草本　花期/6～8月　株高/2～2.5米

【叶部特征】叶大，剑形，坚硬，顶端尖，淡红紫色至暗铜色。**【生长习性】**喜排水良好的土壤，在全光照及半阴条件下均可生长，对土壤要求不严。**【园林应用】**盆栽观赏或温室栽培。

1
2
3
4

1 棒叶虎尾兰
Sansevieria cylindrica

别名/圆柱虎尾兰、圆叶虎尾兰、柱叶虎尾兰、筒叶虎尾兰　科属/龙舌兰科虎尾兰属　原产地/非洲西部　类型/多年生肉质草本　花期/3～6月　株高/1～1.5米

【叶部特征】肉质叶呈细圆棒状，顶端尖细，质硬，直立生长，有时稍弯曲，叶长80～100厘米，直径3厘米，表面暗绿色，有横向的灰绿色虎纹斑。**【生长习性】**适应性强，喜温暖、干燥和阳光充足的环境，不耐寒，忌阴湿，耐半阴。盆土应用疏松肥沃，排水良好的沙质土壤。冬季温度不低于10℃。**【园林应用】**盆栽观赏或温室栽培。

2 短叶虎尾兰
Sansevieria trifasciata 'Hahnii'

别名/小虎尾兰　科属/龙舌兰科虎尾兰属　原产地/原种原产印度东部和斯里兰卡　类型/多年生肉质草本　花期/6～10月　株高/30厘米

【叶部特征】叶丛矮小，叶片短而宽，回旋重叠，叶面暗绿色，有横向灰白色斑纹。**【生长习性】**同棒叶虎尾兰。**【园林应用】**同棒叶虎尾兰。

3 密叶虎尾兰
Sansevieria trifasciata 'Laurentii Compacta'

别名/密叶金边虎尾兰、荷花虎皮兰、美叶虎尾兰　科属/龙舌兰科虎尾兰属　原产地/印度东部和斯里兰卡　类型/多年生肉质草本　花期/6～10月　株高/1.8～3米

【叶部特征】叶直立，厚革质，线状披针形，端尖锥状，基部渐狭为沟状的柄，叶绿色，边缘黄色。**【生长习性】**同棒叶虎尾兰。**【园林应用】**同棒叶虎尾兰。

4 金边虎尾兰
Sansevieria trifasciata var. *laurentii*

别名/金边虎皮兰　科属/龙舌兰科虎尾兰属　原产地/印度东部和斯里兰卡　类型/多年生肉质草本　花期/11～12月　株高/1米

【叶部特征】叶片基生，直立，硬革质，扁平，长条状披针形，有白绿色及绿色相间的横带斑纹，边缘黄色。**【生长习性】**同棒叶虎尾兰。**【园林应用】**同棒叶虎尾兰。

1
2
3

1 峨眉金线莲
Anoectochilus emeiensis

别名/峨眉金线兰　科属/兰科开唇兰属　原产地/四川　类型/多年生常绿草本　花期/8～9月　株高/19～21厘米

【叶部特征】叶卵形，先端急尖，基部近圆形，骤狭成柄；叶面黑绿色，具金红色带绢丝光泽美丽的网脉，叶背带紫红色。叶柄基部扩大成抱茎的鞘。**【生长习性】**喜阴，适合排水良好、腐殖质较厚的微酸性土壤（pH5.5～6.0），生长适温15～30℃。**【园林应用】**常作盆栽观赏。

2 金线莲
Anoectochilus roxburghii

别名/金线兰、金线开唇兰　科属/兰科开唇兰属　原产地/热带亚洲至大洋洲　类型/多年生常绿草本　花期/8～12月　株高/19～21厘米

【叶部特征】具叶卵圆形或卵形，先端近急尖或稍钝，基部近截形或圆形，骤狭成柄。叶面暗紫色或黑紫色、具金红色带有绢丝光泽的美丽网脉，叶背淡紫红色。**【生长习性】**生长适温16～26℃。喜较高的空气湿度，喜中等偏弱的光照条件。**【园林应用】**常作盆栽观赏。

3 石豆兰
Bulbophyllum laxiflorum

别名/金线兰、金线开唇兰　科属/兰科石豆兰属　原产地/热带亚洲至大洋洲　类型/多年生常绿匍匐小草本　花期/6～8月

【叶部特征】叶片肉质或革质，先端稍凹或锐尖、圆钝，基部无柄或具柄。叶表面紫红色。**【生长习性】**喜温暖、通风的生长环境，生长适温不低于18℃。**【园林应用】**常作盆栽，适合附生于庭园树上或假山上，是装饰庭园荫蔽处的好材料。

1
2
1

1 银带虾脊兰
Calanthe argenteostriata

科属/兰科虾脊兰属　原产地/中国广东、广西、贵州和云南等地　类型/多年生常绿草本　花期/4～5月

【叶部特征】叶深绿色，带5～6条银灰色的条带，椭圆形或卵状披针形。先端急尖，基部收狭为长3～4厘米的柄，无毛或背面稍被短毛。**【生长习性】**喜温暖、湿润和半阴环境，适合富含腐殖质的微酸性（pH 5.5～6.5）沙质壤土。**【园林应用】**常作盆栽观赏。

2 杏黄兜兰
Paphiopedilum armeniacum

科属/兰科兜兰属　原产地/中国云南西北部和西藏南部　类型/多年生常绿草本　花期/2～4月

【叶部特征】叶基生，数枚至多枚，叶带状，革质。叶面有深浅绿色相间的网格斑，背面具密集的紫色斑点和龙骨状突起。**【生长习性】**喜半阴，忌阳光直射，喜湿润，冬季要求较干燥、光线充足的生长环境。全年要求湿润的排水良好的土壤。施肥宜少而勤。**【园林应用】**常作盆栽观赏。

1
2
3
3

莎草科

1 棕叶薹草
Carex comans 'Bronze'

别名/枯草、青铜新西兰发状薹草　科属/莎草科薹草属　原产地/原种原产中国云南西北部和西藏南部　类型/多年生常绿草本　花期/4～5月　株高/25～35厘米

【叶部特征】叶基生或兼具秆生叶，平张，条形或线形，基部通常具鞘。四季叶片均呈棕色。**【生长习性】**喜光，耐半阴，不耐涝，适应性较强。**【园林应用】**可用作花坛、花境镶边观叶植物，也可盆栽观赏。

2 金丝薹草
Carex comans 'Evergold'

别名/金叶欧洲薹草、金叶薹草　科属/莎草科薹草属　原产地/原种原产中国云南西北部和西藏南部　类型/多年生常绿草本　花期/4～5月　株高/25～35厘米

【叶部特征】叶基生或兼具秆生叶，平张，条形或线形，基部通常具鞘。叶有条纹，叶片两侧为绿边，中央呈黄色。**【生长习性】**同棕叶薹草。**【园林应用】**同棕叶薹草。

3 金叶大岛薹草
Carex oshimensis 'Everillo'

科属/莎草科薹草属　原产地/原种原产日本　类型/多年生常绿草本　花期/4～5月　株高/45～60厘米

【叶部特征】株型紧凑，丛生，叶线形，黄绿色。**【生长习性】**喜凉爽、半阴环境，喜湿润、肥沃、排水良好的中性至酸性土壤，适应性强。**【园林应用】**同棕叶薹草。

1
2

1 花叶芦竹
Arundo donax var. *versicolor*

别名/斑叶芦竹、彩叶芦竹、花叶芦荻、花叶玉竹
科属/禾本科芦竹属　原产地/原种原产地中海地区
类型/多年生常绿草本　花期/9 ~ 12月　株高/3 ~ 6米

【叶部特征】叶鞘长于节间，叶舌截平，叶片伸长，具白色纵长条纹长。**【生长习性】**喜光、喜温、耐水湿，不耐干旱和强光，喜疏松、肥沃及排水好的沙壤土。**【园林应用】**主要用于水景园林背景绿化，也可点缀于桥、亭、榭四周，也可盆栽用于庭园观赏，花序可用作切花。

2 粉单竹
Bambusa chungii

别名/丹竹、白粉单竹　科属/禾本科簕竹属　原产地/中国南部　类型/常绿乔木状竹类　株高/5 ~ 10米

【枝干特征】彩色枝干类。秆淡黄绿色，被白粉，尤以幼秆被粉较多。**【生长习性】**喜光，对水分的要求较高，在降水量1 400毫米以上的地区生长较好，不喜积水，喜疏松、肥沃及排水好的酸性至中性（pH4.5 ~ 7.0）沙壤土。**【园林应用】**华南地区广泛栽培的优良丛生竹之一。

1
2
3

1 花叶燕麦草

Arrhenatherum elatius 'Variegatum'

别名/花叶块茎燕麦草、球茎燕麦草　科属/禾本科蒲苇属
类型/多年生常绿草本　原产地/原种原产欧洲　花期/3～4月
株高/30～38厘米

【叶部特征】叶线形，中肋绿色，两侧均呈乳白色。**【生长习性】**喜光，耐阴，喜凉爽、湿润气候，在冬季-10℃时生长良好，也能耐一定的高温，对土壤要求不严。**【园林应用】**可用于花境、花坛和大型绿地配景。

2 花叶蒲苇

Cortaderia selloana 'Albolineata'

科属/禾本科蒲苇属　类型/多年生常绿草本　原产地/原种原产美洲　花期/6～8月　株高/2米

【叶部特征】聚生于基部，边有细齿，叶边缘绿黄色。**【生长习性】**土壤要求不高，耐盐碱，湿旱地均可生长，可以短期淹水，耐寒，可耐-15℃低温。冬季需要清理部分枯枝，四季均可移栽。**【园林应用】**可用于花境点缀或是水边种植。

3 蓝羊茅

Festuca glauca

别名/蓝羊草、灰蓝羊茅、酥油草　科属/禾本科羊茅属　类型/多年生常绿或半常绿草本　原产地/欧洲　花期/3～5月
株高/30～50厘米

【叶部特征】叶基生，纤细，蓝绿色，具银白霜。**【生长习性】**喜光，耐寒，耐旱，耐贫瘠。以中性或弱酸性疏松土壤为宜，稍耐盐碱。全日照或半阴条件下长势良好，忌低洼积水。**【园林应用】**冷季型观赏草，适合作花坛、花境镶边用；还可片植，非常壮观。

1
2
3
3

禾本科

1 金叶箱根草

Hakonechloa macra 'Aureola'

别名/光环金色箱根草、金线箱根草、日本森林草　科属/禾本科箱根草属　类型/多年生草本　原产地/原种原产日本　花期/7月　株高/30～65厘米

【叶部特征】叶亮黄色，具乳白和绿色条纹，秋季染红色。**【生长习性】**耐旱，耐寒，适合栽种在北方各地区，喜半阴。**【园林应用】**可装饰岩石、花园墙壁或装饰容器，非常适合阴生花园或林下栽种。

2 日本血草

Imperata cylindrica 'Red Baron'

别名/红叶白茅、红茅草、红色男爵白茅　科属/禾本科白茅属　类型/多年生草本　原产地/原种原产日本　花期/7～8月　株高/40～60厘米

【叶部特征】叶丛生，剑形，春天叶绿色，叶尖红色，夏末和秋天变为红色，冬天变为红铜色。**【生长习性】**耐热，喜光，喜湿润且排水良好的土壤，喜肥，耐贫瘠。**【园林应用】**可盆栽观赏，也可孤植或作配景。

3 晨光芒

Miscanthus sinensis 'Morning Light'

别名/银边芒　科属/禾本科芒属　类型/多年生草本　原产地/原种原产中国、韩国、日本　花期/8～9月　株高/1.2～2米

【叶部特征】叶鞘无毛，长于其节间；叶舌膜质，顶端及其后面具纤毛；叶线形，下面疏生柔毛及被白粉，边缘粗糙，叶缘白色。**【生长习性】**耐半阴，耐旱，耐涝，适应性强。**【园林应用】**四季有景，春夏观叶，秋季赏色，冬季悦絮，可种植于水边、花境、石边，也可以作为自然式绿篱使用。

1
2
3

1 花叶芒

Miscanthus sinensis var. *variegatus*

别名/银边芒　科属/禾本科芒属　类型/多年生草本　原产地/原种原产欧洲地中海地区　株高/1.5 ~ 2.4米

【叶部特征】叶呈拱形向地面弯曲，总体呈喷泉状，叶具绿色和黄色条纹，条纹与叶片等长。**【生长习性】**喜光，耐半阴、耐寒、耐旱、也耐涝，全日照至半阴条件下生长良好，适应性强，不择土壤。**【园林应用】**主要作为园林景观中的点缀植物，与其他花卉及各色萱草组合搭配种植景观效果更好。可用于花坛、花境、岩石园，可作假山、湖边的背景材料。

2 虎尾芒

Miscanthus sinensis var. *zebrinus*

别名/斑马芒、横斑五节芒、横斑芒　科属/禾本科芒属　类型/多年生草本　原产地/原种原产北美　花期/8月　株高/1.5 ~ 2.1米

【叶部特征】叶互生，狭线形，略卷曲，朝天或斜上生长叶两面具横向的年轮状黄色斑块。**【生长习性】**同花叶芒。**【园林应用】**同花叶芒。

3 重金柳枝稷

Panicum virgatum ‘Heavy Metal’

别名/重金属柳枝稷　科属/禾本科黍属　类型/一年生草本　原产地/原种原产北美　花期/7月　株高/1米

【叶部特征】茎秆纤细直立，狭叶剑形，蓝绿色。叶呈蓝绿色，秋季变为黄绿，冬季为黄褐色。**【生长习性】**耐旱，耐−20℃的低温，耐排水不良的土壤，耐盐碱，对重金属土壤具有一定的修复能力。**【园林应用】**主要作为园林景观中点缀植物；也可用于花坛、花境、岩石园；可作假山湖边的背景材料；可用作庭园围篱或大草坪中或河边路边的孤景、障景。

1 紫御谷

Pennisetum glaucum 'Purple Majesty'

别名/紫色壮丽观赏谷子、紫威观赏谷子　科属/禾本科狼尾草属　类型/一年生草本　原产地/原种原产非洲　花期/8～9月　株高/90～150厘米

【叶部特征】叶暗绿色并带紫色，穗状圆锥花序紫黑色，秋季为最佳观赏期。幼苗叶绿色，约8片叶之后，茎和叶的中肋开始变为紫色。**【生长习性】**喜光，喜疏松、肥沃的壤土，生长适温18～28℃。**【园林应用】**适合公园、绿地的路边、水岸边、山石边或墙垣边片植观赏，也可作插花材料。

2 紫叶象草

Pennisetum purpureum 'Purple'

别名/紫狼尾草　科属/禾本科狼尾草属　类型/多年生草本　原产地/原种原产非洲　花期/10月　株高/1.2～2.4米

【叶部特征】叶舌短小，叶线形，扁平，质较硬，上面疏生刺毛，下面无毛，边缘粗糙，叶绿紫至红紫色。**【生长习性】**喜光，喜温暖、湿润气候，耐肥，耐旱，耐酸，抗倒伏。**【园林应用】**绿化荒山、保持水土、开发利用山地的理想草种。可用于盆栽及湿地、花境、花坛、水体绿化等。

3 紫叶狼尾草

Pennisetum setaceum 'Rubrum'

别名/红狼尾草　科属/禾本科狼尾草属　类型/多年生草本　原产地/原种原产热带非洲　花期/7～10月　株高/90～150厘米

【叶部特征】丛生，叶片线形，先端长渐尖，叶全年紫红色。**【生长习性】**喜光，耐寒，耐湿，耐半阴，轻微耐碱性土壤，耐干旱贫瘠。**【园林应用】**可孤植、群植、片植于草地、边坡、林缘、岸边、岩石旁等。

1 花叶玉带草
Phalaris arundinacea var. *picta*

科属/禾本科虉草属　类型/多年生水生草本　原产地/原种原产美洲和欧洲　花期/5～6月　株高/60～120厘米

【叶部特征】叶扁平、线形，绿色且具白边及白色条纹，质地柔软，形似玉带。**【生长习性】**喜温暖、阴湿的环境。对土壤要求不严，常生长于溪边或湿地，既能水生，又能旱生。**【园林应用】**可用作叠石、水景或乔木林缘的地被植物。

2 花叶虉草
Phalaris arundinacea var. *variegata*

科属/禾本科虉草属　类型/多年生水生草本　原产地/北美、欧洲、亚洲、北非　花期/5～6月　株高/60～120厘米

【叶部特征】叶扁平，叶缘呈白色，柔软而似丝带。**【生长习性】**喜温暖，喜光，耐湿，较耐寒。在北方需保护越冬。栽培管理粗放，生长期注意拔除杂草和保持湿度。**【园林应用】**除用作地被外，也可用于花坛镶边或布置花境，还可作盆栽。

3 花叶芦苇
Phragmites australis 'Variegata'

别名/金叶芦苇　科属/禾本科芦苇属　类型/多年生水生草本　原产地/原种原产北美　花期/8～12月　株高/90～180厘米

【叶部特征】叶互生，排成两列，弯垂，具白色或黄色条纹。**【生长习性】**喜温暖，喜光，耐湿，较耐寒。在北方需保护越冬。**【园林应用】**可作水景园背景材料，或点缀于桥、亭、榭四周，可盆栽用于庭园观赏，花序可用作切花。

PART 6 藤蔓植物

1 花叶垂椒草
Peperomia serpens 'Variegata'

别名/斑叶垂椒草、花叶垂枝豆瓣绿 科属/胡椒科草胡椒属 类型/多年生草质藤本 原产地/原种原产南美洲 花期/6～8月 株高/60～90厘米

【叶部特征】叶长心脏形，先端尖，叶面淡绿色，叶缘黄白色。**【生长习性】**喜温暖、湿润和半阴环境，不耐寒，忌强光直射，以疏松、排水良好的沙质壤土为宜。**【园林应用】**常作小型盆栽。

2 白叶腺果藤
Pisonia umbellifera 'Alba'

科属/紫茉莉科避霜花属 类型/常绿木质藤本 原产地/原种原产澳大利亚、新西兰、毛里求斯、中国（海南）等地 花期/1～6月 株高/12米

【叶部特征】叶黄色，薄革质，椭圆形或卵状长圆形，先端钝或急尖，基部阔楔形，全缘。**【生长习性】**喜温暖，湿润气候，不耐寒。**【园林应用】**可涵养水源的观赏树种，可作庭园绿化。

3 斑叶西番莲
Passiflora trifasciata

别名/三裂西番莲、鸭掌西番莲 科属/西番莲科西番莲属 类型/多年生草质藤本 原产地/巴西、秘鲁、委内瑞拉 株高/3.5～4.5米 花期/几乎全年

【叶部特征】叶掌状浅裂，基部近心形，叶脉处叶片黄色或粉红色，萼片5，近白色，背面淡绿色。**【生长习性】**喜光，喜温暖、气候环境，喜肥沃土壤。**【园林应用】**优良的庭院绿化植物。

1
2
3

卫矛科

1 银边扶芳藤
Euonymus fortunei 'Emerald Gaiety'

别名/白边扶芳藤、银边爬行卫矛　科属/卫矛科卫矛属　类型/常绿藤本　原产地/原种原产亚洲东北部至中国中部及日本　适生区域/3～9区　株高/0.6～3米　花期/6月

【叶部特征】叶小似舌状，较密实，叶对生，亮绿色，叶缘为白色斑带，冬季叶缘呈现粉红色。**【生长习性】**喜温暖、湿润气候，喜半阴，也耐干旱瘠薄，耐寒性强，喜湿润、肥沃的排水量好的土壤。**【园林应用】**可用于墙面、林缘、岩石、假山攀援，也可用作常绿地被植物。

2 金叶扶芳藤
Euonymus fortunei 'Aurea'

科属/卫矛科卫矛属　类型/常绿藤本　原产地/原种原产亚洲东北部至中国中部及日本　适生区域/3～9区　株高/0.6～3米　花期/6月

【叶部特征】叶小似舌状，较密实，叶对生，春叶鲜黄色，老叶呈金黄色。**【生长习性】**同银边扶芳藤。**【园林应用】**同银边扶芳藤。

3 加拿大金扶芳藤
Euonymus fortunei 'Canadale Gold'

科属/卫矛科卫矛属　类型/常绿藤本　原产地/原种原产亚洲东北部至中国中部及日本　适生区域/3～9区　株高/0.6～3米　花期/6月

【叶部特征】叶小似舌状，较密实，叶对生，叶绿色，叶缘具宽黄色条纹。**【生长习性】**同银边扶芳藤。**【园林应用】**同银边扶芳藤。

1
3

2

1 金边扶芳藤

Euonymus fortunei 'Emerald Gold'

别名/落霜红、金翡翠扶芳藤　科属/卫矛科卫矛属　类型/常绿藤本　原产地/原种原产亚洲东北部至中国中部及日本　适生区域/3 ~ 9区　株高/1米至数米　花期/6月

【叶部特征】叶小似舌状，较密实，叶对生，有光泽，镶有宽的金黄色边，因入秋后霜叶为红色，又称落霜红。**【生长习性】**同银边扶芳藤。**【园林应用】**同银边扶芳藤。

2 金心扶芳藤

Euonymus fortunei 'Goldheart'

科属/卫矛科卫矛属　类型/常绿藤本　原产地/原种原产亚洲东北部至中国中部及日本　适生区域/3 ~ 9区　株高/1米至数米　花期/6月

【叶部特征】叶小似舌状，较密实，叶对生，叶心部黄色。**【生长习性】**同银边扶芳藤。**【园林应用】**同银边扶芳藤。

3 花叶白粉藤

Cissus javana

别名/锦叶葡萄、彩叶白粉藤、紫青藤、青紫葛　科属/葡萄科白粉藤属　类型/常绿草质藤本　原产地/原产中国、印度、马来西亚等　适生区域/11 ~ 12区　株高/2.5 ~ 3米　花期/罕见

【叶部特征】叶心状卵圆形，边缘具细齿，羽状叶脉间具有银白色不规则的斑块，沿中肋具有较细的紫绿色条斑。**【生长习性】**喜温暖、湿润和半阴环境，避免日光直射，怕低温，生长适温18 ~ 28℃，越冬温度不宜低于15℃。**【园林应用】**常作花廊、篱栅的垂直绿化材料，温带地区须盆栽观赏。

锦屏藤

Cissus verticillata

别名/珠帘藤、面线藤　科属/葡萄科白粉藤属　类型/多年生常绿蔓性植物　原产地/原产美洲　株高/5米　花期/6～8月

【枝干特征】彩色枝干类。株自茎节处生长红褐色细长气根，气根灰紫色。**【生长习性】**喜光，稍耐阴，耐旱，耐高温，不择土壤。夏季需适时修剪，以利通风。**【园林应用】**主要应用于篱垣、棚架、绿廊等。

1
2

3
4

1 金边熊掌木
× *Fatshedera lizei* 'Aurea'

科属/五加科熊掌木属　类型/常绿藤本　原产地/原种原产四川和云南　适生区域/9 ~ 11区　株高/1米以上　花期/9 ~ 11月

【叶部特征】单叶互生，掌状五裂，先端渐尖，基部心形，全缘，波状有扭曲，叶缘乳黄色。新叶密被毛茸，老叶浓绿而光滑。**【生长习性】**喜半阴，阳光直射时叶片会黄化，喜温暖和冷凉环境，耐寒，不耐热。喜较高的空气湿度。栽培以深厚肥沃、富含腐殖质的壤土为宜。**【园林应用】**适合在林下群植；或植于墙垣边栽培观赏；也可盆栽观赏。

2 金心熊掌木
× *Fatshedera lizei* 'Maculata'

科属/五加科熊掌木属　类型/常绿藤本　原产地/原种原产四川和云南　适生区域/7 ~ 11区　株高/1.8 ~ 2.5米　花期/9 ~ 11月

【叶部特征】叶革质，单叶互生，掌状五裂，先端渐尖，基部心形，全缘，叶心部沿叶脉呈黄色，茎红色。**【生长习性】**同金边熊掌木。**【园林应用】**同金边熊掌木。

3 银边熊掌木
× *Fatshedera lizei* 'Variegata'

别名/白边叶常春金盘、花叶熊掌木、斑叶熊掌木　科属/五加科熊掌木属　类型/常绿藤本　原产地/原种原产四川和云南　适生区域/7 ~ 11区　株高/1 ~ 1.5米　花期/9 ~ 11月

【叶部特征】单叶互生，掌状五裂，先端渐尖，基部心形，全缘，波状有扭曲，叶有不规则乳白色镶边。**【生长习性】**同金边熊掌木。**【园林应用】**同金边熊掌木。

4 银叶洋常春藤
Hedera helix 'Glacier'

别名/冰河洋常春藤、冰纹洋常春藤　科属/五加科常春藤属　类型/常绿藤本　原产地/原种原产欧洲高加索　适生区域/4 ~ 9区　株高/12 ~ 24米　花期/9 ~ 10月

【叶部特征】单叶互生，全缘，营养枝上的叶3 ~ 5浅裂，叶缘有不规则银白色斑块。**【生长习性】**喜温暖、湿润及半阴，耐阴，耐寒，不耐酷暑高温，能耐2 ~ 3℃的低温。对土壤要求不严，喜疏松的中性和微酸性壤土，不耐旱，耐水湿。**【园林应用】**江南庭园中常用作攀援墙垣及假山的绿化材料，北方城市常盆栽。

1
2
3

1 花叶非洲茉莉
Fagraea ceilanica 'Variegata'

别名/斑叶灰莉、花叶灰莉、华灰莉木、箐黄果　科属/马钱科灰莉属　类型/常绿蔓性藤本　原产地/原种原产印度及东南亚　适生区域/4～9区　株高/60～90厘米　花期/4～8月

【叶部特征】叶对生，广卵形至长椭圆形，长可达15厘米，先端突尖，革质，表面暗绿色，具白色斑块。**【生长习性】**喜温暖、温润且光照充足的环境，但要避免阳光直射。不耐寒，气温骤降植株极易死亡。适合疏松、肥沃、排水较好的土壤。**【园林应用】**室内绿化的首选园林树木品种之一，也可作球形灌木和绿篱。

2 金叶素馨
Jasminum officinale 'Aureum'

别名/金叶素方花　科属/木樨科素馨属　类型/常绿小型蔓性灌木　原产地/原种原产中东至中国　适生区域/7～10区　株高/3～4米　花期/3～9月

【叶部特征】小枝细弱，4棱，金色。羽状复叶对生，金黄色，卵形或披针形，先端尖锐，无毛。**【生长习性】**喜阳光充足、温暖、湿润的环境，不耐阴，较耐寒，生长强健，适应性强，耐修剪，喜排水良好、肥沃湿润的土壤。**【园林应用】**可植于篱笆、墙垣、假山石处，也可配植于花境 。

3 玉叶金花
Mussaenda pubescens

别名/良口茶、野白纸扇　科属/茜草科玉叶金花属　原产地/中国南部及东南部地区　类型/常绿攀援灌木　适生区域/7～11区　株高/1～3米　花期/6～7月

【叶部特征】叶对生或轮生，绿色，卵状长圆形或卵状披针形，上面近无毛或疏被柔毛，下面密被柔毛；叶柄被柔毛，托叶三角，2深裂；萼片叶状，白色。**【生长习性】**适应性强，耐阴，长速快，极耐修剪，在较贫瘠及阳光充足或半阴环境都能生长。**【园林应用】**可作盆景，也可在围墙等建筑旁作垂直绿化。

1
2
3
4

1 金叶亚洲络石
Trachelospermum asiaticum 'Ogon Nishiki'

别名/黄金络石　科属/夹竹桃科络石属　原产地/原种原产日本　类型/常绿木质藤本　适生区域/7～9区　株高/1.5米　花期/6～8月

【叶部特征】叶革质，椭圆形，3月中旬生长新叶，叶色由红到橙红，叶面有不规则的褐色斑块，4月中旬，嫩叶由红色逐渐转黄，褐色斑块逐渐转绿。**【生长习性】**喜明亮散射光，耐阴，喜湿润、排水良好的酸性或中性土壤，抗病能力强，生长旺盛。**【园林应用】**可用作地被及护坡植物，也可用于花境布置，还可作盆栽。

2 花叶络石
Trachelospermum jasminoides 'Flame'

别名/斑叶络石、初雪葛、石龙藤　科属/夹竹桃科络石属　原产地/原种原产日本　类型/常绿木质藤本　适生区域/8～10区　株高/20～50厘米　花期/5～6月

【叶部特征】叶对生，卵形，革质，叶面有不规则白色或乳黄色斑块，老叶绿色，新叶第1对粉红色，第2～3对纯白色。**【生长习性】**同金叶亚洲络石。**【园林应用】**同金叶亚洲络石。

3 变色络石
Trachelospermum jasminoides 'Variegatum'

别名/五彩络石　科属/夹竹桃科络石属　原产地/原产中国、日本　类型/常绿木质藤本　适生区域/8～10区　株高/8米　花期/5～6月

【叶部特征】叶对生，卵形，革质，复色叶。全光照下，从早春发芽开始，有粉红、白色、绿白相间等色彩，冬季以褐红色为主。在半阴条件下生长也很好，叶色以绿白相间为主。**【生长习性】**同金叶亚洲络石。**【园林应用】**同金叶亚洲络石。

4 花叶蔓长春
Vinca major var. *variegata*

别名/锦蔓长春、斑叶蔓长春　科属/夹竹桃科蔓长春花属　原产地/原种原产欧洲南部和非洲北部　类型/常绿藤本亚灌木　适生区域/7～10区　株高/2米以上　花期/5～11月

【叶部特征】叶椭圆形，对生，有叶柄，亮绿色，有光泽，叶面有黄白色斑点，叶缘有乳白色或乳黄绿色镶边至黄色镶边。**【生长习性】**适应性强，对土壤要求不严，生长快。喜光，耐阴，耐低温，在−7℃气温条件下可露地种植。**【园林应用】**较理想的花叶兼赏类地被材料，可盆栽搭架整形，也可柱形或吊盆栽植，或在背阴面墙壁作垂直绿化。

1 蓝莓冰三角梅

Bougainvillea 'Blueberry Ice'

科属/紫茉莉科叶子花属　类型/常绿藤状灌木　原产地/原种原产热带美洲　适生区域/10 ~ 11区　株高/90 ~ 120厘米　花期/4 ~ 11月

【叶部特征】叶片椭圆形或卵形，基部圆形，有柄，叶绿色，叶缘白色。**【生长习性】**喜温暖、湿润和阳光充足的环境，不耐寒，耐瘠薄，耐干旱，耐盐碱，耐修剪，生长势强，喜水，但忌积水。对土壤要求不严，喜肥沃、疏松、排水好的沙质壤土。**【园林应用】**可作盆景、绿篱及修剪造型，还可作花墙、拱门、荫棚等。

2 光叶子花

Bougainvillea glabra

别名/三角梅、紫亚兰、紫三角、簕杜鹃　科属/紫茉莉科叶子花属　类型/常绿藤状灌木　原产地/热带美洲　适生区域/10 ~ 11区　株高/3 ~ 4米　花期/3 ~ 12月

【叶部特征】叶纸质，卵形或卵状披针形，先端尖或渐尖，基部圆或宽楔形，叶面无茸毛，叶背稀疏茸毛；苞片叶状，紫或红色。**【生长习性】**同蓝莓冰三角梅。**【园林应用】**同蓝莓冰三角梅。

3 叶子花

Bougainvillea spectabilis

别名/宝巾、簕杜鹃、三角梅　科属/紫茉莉科叶子花属　类型/常绿藤状灌木　原产地/原种原产热带美洲　适生区域/10 ~ 11区　株高/3 ~ 4米　花期/3 ~ 12月

【叶部特征】叶片椭圆形或卵形，基部圆形，叶面覆茸毛，有柄；苞片椭圆状卵形，基部圆形至心形，暗红色或淡紫红色。**【生长习性】**同蓝莓冰三角梅。**【园林应用】**同蓝莓冰三角梅。

1
1

2

1 斑叶鹅掌藤
Schefflera arboricola 'Variegata'

别名/花叶鹅掌藤　科属/五加科鹅掌柴属　类型/常绿藤状灌木　原产地/原种原产台湾　适生区域/10～12区　株高/8～9米　花期/7月

【叶部特征】掌状复叶，小叶7～9枚，全缘，小叶有黄色斑，斑块较大，一些斑块占整个叶片大小。**【生长习性】**喜高温、湿润和半阴环境，不耐寒，怕干旱和积水，生长适温20～30℃，冬季温度应不低于5℃，喜疏松、肥沃和排水良好的沙壤土。**【园林应用】**可作庭园果树、花材及盆栽。

2 金叶南洋鹅掌藤
Schefflera elliptica 'Golden Variegata'

别名/金叶鹅掌藤　科属/五加科鹅掌柴属　类型/常绿藤状灌木　原产地/原种原产南美洲、中美洲，东南亚至太平洋群岛　适生区域/10～12区　株高/2～10米　花期/7月

【叶部特征】叶有小叶5～7，小叶薄革质，椭圆形，全缘，无毛，侧脉4～6对，网脉明显，叶面有黄色斑纹或全部为黄色。**【生长习性】**同斑叶鹅掌藤。**【园林应用】**同斑叶鹅掌藤。

1 金叶茅莓

Rubus pavifolius 'Sunshine Spreader'

别名/阳光飞溅茅莓 科属/蔷薇科悬钩子属 原产地/原种原产日本、中国 类型/落叶藤状灌木 适生区域/3～11区 株高/0.4～2米 花期/5～6月

【叶部特征】叶金黄色，小叶3枚，在新枝上偶有5枚，菱状圆形或倒卵形，边缘有不整齐粗锯齿或缺刻状粗重锯齿，早春和秋季气温低时，叶片会变红。**【生长习性】**耐热，耐寒，喜光照，耐半阴，生长较缓慢。**【园林应用】**可用于地面覆盖或盆栽观赏。

2 斑叶茅莓

Rubus pavifolius 'Variegata'

别名/花叶茅莓 科属/蔷薇科悬钩子属 原产地/原种原产日本、中国 类型/落叶藤状灌木 适生区域/3～11区 株高/0.4～2米 花期/5～6月

【叶部特征】小叶3枚，在新枝上偶有5枚，菱状圆形或倒卵形，边缘有不整齐粗锯齿或缺刻状粗重锯齿，叶面有白色或黄色斑块。早春和秋季气温低时，叶片会变红。**【生长习性】**同金叶茅莓。**【园林应用】**同金叶茅莓。

1
2
3

萝藦科

1 爱之蔓
Ceropegia woodii

别名/吊金钱、吊灯花、鸽蔓花、蜡花　科属/萝藦科吊灯花属　原产地/南非或加那利群岛　类型/常绿藤本　适生区域/10 ～ 12区　株高/2米　花期/3 ～ 11月

【叶部特征】叶对生，肉质，呈心形，灰绿色，叶面上有暗色不规则隆起，具白色脉纹。**【生长习性】**喜散射光，忌强光直射，喜干燥，不耐湿，较耐旱，不喜肥，特别忌施高磷钾肥。生长适温18 ～ 25℃。**【园林应用】**常用吊盆栽植，常悬于门侧、窗前。

2 爱之蔓锦
Ceropegia woodii‘Variegata’

别名/斑叶爱之蔓、吊金钱锦　科属/萝藦科吊灯花属　原产地/原种原产南非或加那利群岛　类型/常绿藤本　适生区域/10 ～ 12区　株高/2米　花期/3 ～ 11月

【叶部特征】叶缘紫红色，叶心部深紫色。**【生长习性】**同爱之蔓。**【园林应用】**同爱之蔓。

3 心叶球兰锦
Hoya kerrii‘Variegata’

别名/凹叶球兰锦、花叶心叶球兰、斑叶心叶球兰　科属/萝藦科球兰属　原产地/原种原产热带或亚热带　类型/常绿藤本　适生区域/10 ～ 12区　株高/4米　花期/5月

【叶部特征】叶柄粗壮，叶心形，革质，侧脉6 ～ 8对，叶边缘黄色。**【生长习性】**生长适温18 ～ 28℃，越冬温度为5℃左右。喜阴湿，要求培养土疏松、透气、肥沃、排水良好，并有一定的颗粒度。盆栽须放置在有充足散射光处。**【园林应用】**常作盆栽观赏，也可用于庭园的小型花架、绿篱垂直绿化。

1
1
1
2

1 绒毛鸡矢藤
Paederia lanuginosa

别名/绒毛鸡屎藤　科属/茜草科蛇根草属　原产地/云南
类型/常绿大型藤本　株高/12米　花期/6～7月

【叶部特征】叶椭圆形至长圆状椭圆形，叶面绿色，叶背面紫色。**【生长习性】**喜温暖、潮湿环境，耐寒，耐旱，耐瘠薄。**【园林应用】**一种珍贵的中药材。可作园林景观中的藤本地被植物，可用来覆盖山石荒坡，美化矮墙，也可用作绿篱或花架垂直绿化。

2 斑叶欧白英
Solanum dulcamara 'Variegatum'

别名/花叶素馨叶白英、花叶星星花　科属/茄科茄属　原产地/原种原产云南西北部及四川西南部　类型/草质藤本
适生区域/5～9区　株高/3～3.6米　花期/5～7月

【叶部特征】叶互生，茎上着生的叶多3深裂，小枝上的叶为披针形至卵状披针形，全缘。叶片有黄色斑纹。**【生长习性】**喜半阴环境，喜排水良好土壤，耐寒（最低-15℃）。**【园林应用】**非常适合盛放容器或用于浅色花园中增加对比度。

1 美丽银背藤
Argyreia nervosa

别名/绒毛白鹤藤、木旋花　科属/旋花科银背藤属　原产地/印度尼西亚、孟加拉国、马来西亚、印度以及中国广东　类型/常绿木质藤本　适生区域/9～11区　株高/10米　花期/全年，自由开花

【叶部特征】叶大，卵形至圆形，叶面无毛或近无毛，叶背面具银白色毛。**【生长习性】**喜半阴环境，喜排水良好土壤，耐寒（最低−15℃）。**【园林应用】**亚热带或热带花园中的园林绿化植物。

2 斑叶粉花凌霄
Pandorea jasminoides 'Ensel Variegata'

别名/斑叶馨葳、斑叶肖粉凌霄　科属/紫葳科粉花凌霄属　原产地/原种原产巴西　类型/落叶木质藤本　适生区域/9～11区　株高/30～60厘米　花期/5～10月

【叶部特征】奇数羽状复叶，小叶长椭圆形，革质，叶面有乳白色或乳黄色斑块。**【生长习性】**喜温暖、湿润气候，喜光照，不耐寒，生长适温18～28℃。对土壤没有特殊要求，但以肥沃的沙壤土为宜。春、夏季为生长盛期，每月施肥1次。梅雨季节不可积水。**【园林应用】**适用于庭园、棚架、绿篱、墙垣美化，也可作盆栽。

3 花叶活血丹
Glechoma hederacea 'Variegata'

别名/白斑欧亚活血丹、斑叶连钱草、花叶欧亚连钱草　科属/唇形科活血丹属　原产地/原种原产新疆以及北欧、西欧、中欧以及前苏联　类型/常绿藤本　适生区域/3～10区　株高/10厘米　花期/4～5月

【叶部特征】叶小，肾形，绿色，具白色或银灰色大理石花纹，冬季叶经霜变微红。**【生长习性】**耐阴，喜湿润，较耐寒，华东地区需在室内越冬。**【园林应用】**适于悬吊观赏，也可作为地被植物用于布置花坛、花境、边坡。

1 金叶绿萝
Epipremnum aureum 'All Gold'

别名/金叶葛　科属/天南星科麒麟叶属　原产地/原种原产所罗门群岛　类型/常绿半蔓性藤本　花期/罕见　株高/3 ～ 10米

【叶部特征】下侧叶片较大，叶卵形至长卵形，先端渐尖，基部心形，叶黄色至黄绿色。**【生长习性】**喜高温、高湿及半阴环境。以肥沃的腐殖质壤土为宜，排水需良好。**【园林应用】**常作盆栽，可在半阴处的墙壁、篱笆等处垂直栽培。

2 银后绿萝
Epipremnum aureum 'Marble Queen'

别名/白金藤、雪花葛、银葛、银斑葛、白金绿萝　科属/天南星科麒麟叶属　原产地/原种原产所罗门群岛　类型/常绿半蔓性藤本　花期/罕见　株高/3 ～ 10米

【叶部特征】下侧叶片较大，叶卵形至长卵形，先端渐尖，基部心形，叶具白色条斑和白色大理石花纹。**【生长习性】**同金叶绿萝。**【园林应用】**同金叶绿萝。

3 花叶龟背竹
Monstera adansonii 'Variegata'

别名/斑叶小龟背竹　科属/天南星科龟背竹属　原产地/原种原产美洲热带地区　类型/常绿半蔓性藤本　花期/11月　株高/3米

【叶部特征】叶大而厚，革质，叶面上带有黄色和白色的斑纹；幼叶心形、无孔；叶脉间有椭圆形的穿孔，极像龟背；叶具长柄，深绿色。**【生长习性】**喜温暖、湿润气候，不耐寒，不耐高温，生长适温22 ～ 26℃。以深厚和保水力强的腐殖土为宜，不耐碱，不耐酸，怕干燥，耐水湿。**【园林应用】**适合盆栽作室内装饰，大型植株适合大型门厅、客厅、会议室摆放，中小型植株适合家庭居室摆放；在华南可布置庭园。

1
2
3

1 红宝石喜林芋

Philodendron erubescens 'Red Emerald'

别名/红帝王　科属/天南星科喜林芋属　原产地/原种原产美洲热带雨林　类型/常绿半蔓性藤本　花期/10～11月　株高/2m

【叶部特征】叶长心形，大型，质稍硬，暗绿色，具光泽。叶柄、叶背和新梢部分为暗红色。**【生长习性】**喜高温、高湿的环境，生长适温22～32℃。**【园林应用】**适合盆栽，作室内装饰。

2 黄纹合果芋

Syngonium podophyllum 'Atrovirens'

别名/白纹合果芋　科属/天南星科合果芋属　原产地/原种原产墨西哥和哥斯达黎加　类型/多年生常绿草质藤本　花期/7～9月　株高/1～2米

【叶部特征】叶两型，幼叶为单叶，箭形或戟形；老叶掌状5～9裂，中间一片叶大型，叶基裂片两侧常着生小型耳状叶片。叶具黄色斑彩，主脉、侧脉及网脉为淡黄色。**【生长习性】**喜高温、高湿的环境，生长适温20～30℃，冬季不可低于15℃。喜疏松肥沃、排水良好的微酸性土壤。**【园林应用】**常作盆栽观赏。在温暖地区室外半阴处，可作篱架、边角、背景、攀墙和铺地材料。

3 粉蝶合果芋

Syngonium podophyllum 'Pink Butterfly'

别名/红粉佳人合果芋　科属/天南星科合果芋属　原产地/原种原产墨西哥和哥斯达黎加　类型/多年生常绿草质藤本　花期/7～9月　株高/1～2米

【叶部特征】叶两型，幼叶为单叶，箭形或戟形；老叶掌状5～9裂。叶面呈粉红色，老叶变白绿色。**【生长习性】**同黄纹合果芋。**【园林应用】**同黄纹合果芋。

1
2
3
4
5

1 银叶合果芋

Syngonium podophyllum ‘Silver Knight’

科属/天南星科合果芋属　原产地/原种原产墨西哥和哥斯达黎加　类型/多年生常绿草质藤本　花期/7～9月　株高/1～2米

【叶部特征】叶缘淡绿色，中部为银白色，叶心形，叶面乳白色带浅黄，叶柄长。**【生长习性】**同黄纹合果芋。**【园林应用】**同黄纹合果芋。

2 白蝴蝶合果芋

Syngonium podophyllum t‘White Butterfly’

别名/白蝶合果芋、银蝴蝶合果芋　科属/天南星科合果芋属　原产地/原种原产墨西哥和哥斯达黎加　类型/多年生常绿草质藤本　花期/7～9月　株高/1～2米

【叶部特征】叶箭形，好似纷飞蝴蝶的翅膀，叶面大部分为黄白色，边缘具绿色斑块及条纹。**【生长习性】**同黄纹合果芋。**【园林应用】**同黄纹合果芋。

3 绒叶合果芋

Syngonium wendlandii

别名/银脉合果芋　科属/天南星科合果芋属　原产地/墨西哥和哥斯达黎加　类型/多年生常绿草质藤本　花期/7～9月　株高/1～2米

【叶部特征】叶有长柄，呈三角状盾形，叶脉及其周围呈黄白色。**【生长习性】**同黄纹合果芋。**【园林应用】**同黄纹合果芋。

4 红缨合果芋

Syngonium ‘Berry’

别名/浆果合果芋　科属/天南星科合果芋属　原产地/原种原产墨西哥和哥斯达黎加　类型/多年生常绿草质藤本　花期/7～9月　株高/1～2米

【叶部特征】叶有长柄，呈三角状盾形，叶黄绿色，叶脉紫红色。**【生长习性】**同黄纹合果芋。**【园林应用】**同黄纹合果芋。

5 金蝴蝶合果芋

Syngonium ‘Gold Butterfly’

科属/天南星科合果芋属　原产地/原种原产墨西哥和哥斯达黎加　类型/多年生常绿草质藤本　花期/7～9月　株高/1～2米

【叶部特征】叶有长柄，呈三角状盾形，叶有金黄色斑块。**【生长习性】**同黄纹合果芋。**【园林应用】**同黄纹合果芋。

拉丁学名索引

A

B

C

D

E

F

G

O

P

Q

R

S

T

U

V

W

X

Y

Z

中文学名索引

D

E

F

G

H

J

K

L

M

N

O

P

Q

R

S

T

W

X

Y

Z

图书在版编目（CIP）数据

1000种彩叶植物识别图鉴：彩图典藏版 / 侯元凯等著. —北京：中国农业出版社，2022.10（2024.9 重印）
ISBN 978-7-109-29885-9

Ⅰ.①1… Ⅱ.①侯… Ⅲ.①观叶植物－中国－识别－图解 Ⅳ.①S682.36-64

中国版本图书馆CIP数据核字(2022)第153543号

1000 ZHONG CAIYE ZHIWU SHIBIE TUJIAN: CAITU DIANCANG BAN

中国农业出版社出版
地址：北京市朝阳区麦子店街18号楼
邮编：100125
责任编辑：郭晨茜　国　圆
版式设计：郭晨茜　　责任校对：周丽芳
印刷：北京中科印刷有限公司
版次：2022年10月第1版
印次：2024年 9 月北京第2次印刷
发行：新华书店北京发行所
开本：880mm × 1230mm　1/32
印张：17.25
字数：500千字
定价：78.00元

版权所有 · 侵权必究
凡购买本社图书，如有印装质量问题，我社负责调换。
服务电话：010 - 59195115　010 - 59194918